U0597963

ICVE
智慧职教

自动化类专业
"智改数转"系列
新形态教材

智能产线
设计与仿真

熊晶　张侠　主编

史新民　主审

常州市高等职业教育园区管理委员会　组编
山东莱茵科斯特智能科技有限公司

刘书凯　蒋　晔　刘泽祥　参编
李行坤　李　达

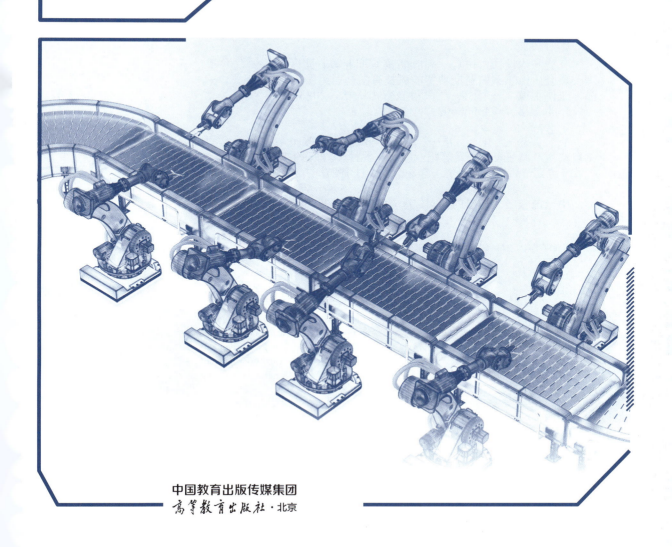

中国教育出版传媒集团
高等教育出版社·北京

内容提要

本书是高等职业教育自动化类专业"智改数转"系列新形态教材之一。

本书是根据机械设计工程技术人员、数字化解决方案设计师等新职业的岗位要求,结合高等职业院校装备制造大类专业转型升级需求编写的理实一体化教材。本书围绕智能产线设计与仿真技术应用设计了七个项目,分别为加热杯垫智能产线分析、智能产线的仿真技术、原料库货架建模设计与装配仿真、杯垫组装站换手平台建模设计与装配仿真、辅料装配站数据线料库建模设计与装配仿真、物料盒打码站电控柜钣金设计与装配仿真和加热杯垫智能产线总装仿真。

本书配套提供电子课件、微视频、动画等数字化教学资源,读者可发送电子邮件至 *gzdz@pub.hep.cn* 获取部分资源。

本书可作为高等职业院校机械设计与制造、数字化设计与制造技术、工业机器人技术、机电一体化技术等相关专业的课程教材,也可作为数字化设计领域相关企业工程技术人员的培训教材和工具书。

图书在版编目(CIP)数据

智能产线设计与仿真 / 常州市高等职业教育园区管理委员会,山东莱茵科斯特智能科技有限公司组编 ;熊晶,张侠主编. -- 北京 :高等教育出版社,2023.10
ISBN 978-7-04-060600-3

Ⅰ. ①智… Ⅱ. ①常… ②山… ③熊… ④张… Ⅲ. ①自动生产线 - 设计 - 高等职业教育 - 教材 ②自动生产线 - 系统仿真 - 高等职业教育 - 教材 Ⅳ. ①TP278

中国国家版本馆CIP数据核字(2023)第098758号

ZHINENG CHANXIAN SHEJI YU FANGZHEN

策划编辑	曹雪伟	责任编辑	曹雪伟	封面设计	张志奇	版式设计	杨 树
责任绘图	于 博	责任校对	王 雨	责任印制	高 峰		

出版发行	高等教育出版社	网 址	http://www.hep.edu.cn
社 址	北京市西城区德外大街4号		http://www.hep.com.cn
邮政编码	100120	网上订购	http://www.hepmall.com.cn
印 刷	天津市银博印刷集团有限公司		http://www.hepmall.com
开 本	787mm×1092mm 1/16		http://www.hepmall.cn
印 张	14		
字 数	310 千字	版 次	2023年10月第1版
购书热线	010-58581118	印 次	2023年10月第1次印刷
咨询电话	400-810-0598	定 价	39.80元

"智慧职教" 服务指南

"智慧职教"（www.icve.com.cn）是由高等教育出版社建设和运营的职业教育数字教学资源共建共享平台和在线课程教学服务平台，与教材配套课程相关的部分包括资源库平台、职教云平台和App等。用户通过平台注册，登录即可使用该平台。

- **资源库平台：为学习者提供本教材配套课程及资源的浏览服务。**

登录"智慧职教"平台，在首页搜索框中搜索"智能产线设计与仿真"，找到对应作者主持的课程，加入课程参加学习，即可浏览课程资源。

- **职教云平台：帮助任课教师对本教材配套课程进行引用、修改，再发布为个性化课程（SPOC）。**

1. 登录职教云平台，在首页单击"新增课程"按钮，根据提示设置要构建的个性化课程的基本信息。

2. 进入课程编辑页面设置教学班级后，在"教学管理"的"教学设计"中"导入"教材配套课程，可根据教学需要进行修改，再发布为个性化课程。

- **App：帮助任课教师和学生基于新构建的个性化课程开展线上线下混合式、智能化教与学。**

1. 在应用市场搜索"智慧职教icve"App，下载安装。

2. 登录App，任课教师指导学生加入个性化课程，并利用App提供的各类功能，开展课前、课中、课后的教学互动，构建智慧课堂。

"智慧职教"使用帮助及常见问题解答请访问help.icve.com.cn。

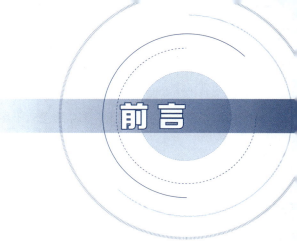

前言

党的二十大报告强调，坚持把发展经济的着力点放在实体经济上，推进新型工业化，加快建设制造强国、质量强国。智能制造是建设制造强国、质量强国的主攻方向，其发展程度直接关乎我国的制造业竞争力水平。发展智能制造对于巩固实体经济根基、建成现代化产业体系、实现新型工业化具有重要作用。随着全球新一轮科技革命和产业变革的突飞猛进，新一代信息、生物、新材料、新能源等技术不断突破，并与先进制造技术加速融合，为制造业高端化、智能化、绿色化发展提供了相关技术支持。为了支撑智能制造企业高质量发展，培养大批满足企业需求的高素质技术技能人才，职业院校的实训条件、课程建设、教学资源开发需要及时与产业对接，进行数字化、智能化升级。在此背景下，由常州市高等职业教育园区管理委员会统筹规划，组织常州科教城现代工业中心、相关智能制造企业与职业院校深度合作，联合开发高等职业教育自动化类专业"智改数转"系列新形态教材。

本书所介绍的智能产线设计与仿真是基于计算机辅助技术的先进设计手段，融合了实体建模技术、工程图技术、装配仿真技术，通过产线设计与仿真可以在数字环境中进行智能产线的非标准零部件设计、非标准零部件工程图创建、标准零部件选择、装配仿真等，从而提高设计效率。智能产线设计与仿真是装备制造大类专业群的核心课程。本书以加热杯垫智能产线为载体，以真实需求为导向，结合高等职业教育教学特点，将产线设计与仿真相关的理论知识与实操任务整合到教学活动中，理论基础与实训教学有效衔接，通过建模设计、工程图创建、装配仿真培养学生的产线设计和仿真能力。

本书由常州信息职业技术学院、常州工程职业技术学院、常州机电职业技术学院、常州纺织服装职业技术学院、常州科教城现代工业中心、山东莱茵科斯特智能科技有限公司、科斯特数字化智能科技（深圳）有限公司等单位联合开发。

本书由常州信息职业技术学院熊晶、张侠担任主编，由常州工程职业技术学院刘书凯、常州纺织服装职业技术学院蒋晔、常州机电职业技术学院刘泽祥、山东莱茵科斯特智能科技有限公司李行坤、科斯特数字化智能科技（深圳）有限公司李达共同编写。编写分工如下：项目一、二、四由熊晶编写，项目三由张侠编写，项目五由蒋晔编写，项目六由刘书凯编写，项目七由刘泽祥、熊晶、张侠、李行坤、李达编写。全书由常州信息职业技术学院史新民担任主审。在编写过程中，参阅了相关的教材及技术文献，在此对各位专家、工程师和文献作者一并表示衷心的感谢。

本书配有丰富的数字化教学资源，包括教学课件、微视频和动画等，并在书中相应位置放置了二维码资源标记，读者可以通过手机等移动终端扫码学习。

　　由于编者水平有限，书中难免有不足之处，恳请广大读者批评指正。

编　者
2023 年 7 月

目录

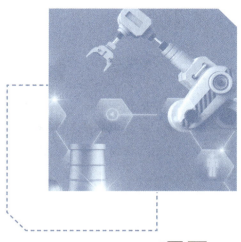

项目一
加热杯垫智能产线分析

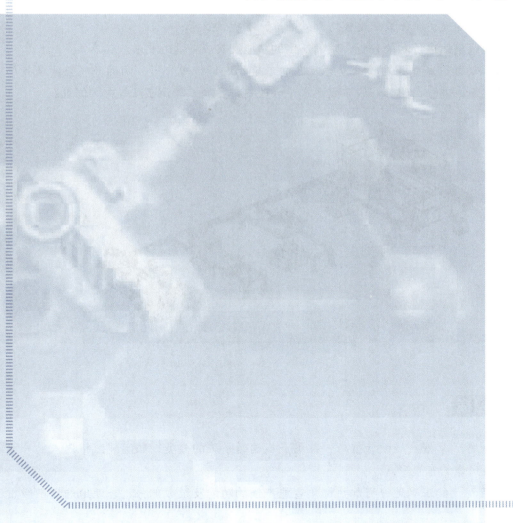

👍 项目引入

整体和部分是辩证统一的。整体居于主导地位，统率着部分，具有部分所不具备的功能，因此，分析加热杯垫智能产线时，应树立全局观念，立足产线整体，选择最佳设计方案，实现整体的最优目标，从而达到产线整体功能大于部分功能之和的理想效果。此外，部分的功能及其变化影响着整体的功能，关键部分的功能及其变化甚至对整体的功能起决定作用，因此，必须重视产线的各个组成部分，做好局部规划与选择，用局部的优化推动整体的优化。

📋 项目描述

加热杯垫智能产线如图1-1所示，该产线可对加热杯垫进行自动上料、转运、加工、装配、检验及存储等。本书对于加热杯垫智能产线的设计与仿真主要围绕加热杯垫智能产线的功能设计、组成结构设计、零件建模仿真、装配建模仿真等展开，其中功能设计、组成结构设计是零件建模仿真、装配建模仿真的基础，本项目要求：

（1）对产线整体进行功能分析，明确产线的功能及其应满足的要求。

（2）根据功能分析结果对产线整体及各加工单元进行组成分析，明确产线整体及各加工单元的主要组成部分，明确产线布置形式，合理安排各加工单元在产线中的位置。

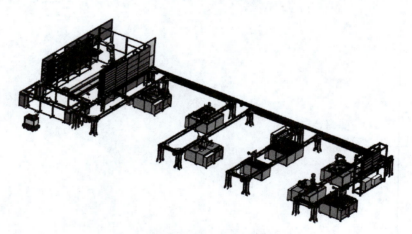

图1-1 加热杯垫智能产线

🔗 项目目标

➤ 知识目标：掌握产线设计要求，熟悉产线输送系统的分类，熟悉装配机器人的分类与特点，熟悉产线的布置形式。

➤ 能力目标：能正确地分析加热杯垫智能产线的功能及组成部分，合理地选择产线布置形式。

➤ 素质目标：团队合作、细致思考、全面汇总、大胆汇报。

项目分析

设计加热杯垫智能产线的首要目标，是对加热杯垫完成从上料至成品入库的全过程智能生产，即产线的首要功能应满足加热杯垫基本的生产要求。此外，产线设计还要满足生产过程中的自动化、智能化等要求。因此，应围绕加热杯垫生产工艺过程，并结合智能产线应满足的要求进一步分析产线的整体功能。

如图1-2所示，加热杯垫智能产线的功能由其各组成部分的功能组合而成：

（1）加工单元（依据加热杯垫生产工艺过程而排列的一组加工单元）可满足加热杯垫的生产要求，实现加热杯垫生产功能。

（2）物料输送系统可满足加工时的物料输送要求，实现物料输送功能。

（3）装配机器人（内含机器人末端执行器更换装置、机器人视觉系统等）可满足智能生产要求，实现智能生产功能。

（4）控制系统可满足智能控制要求，实现智能控制功能。

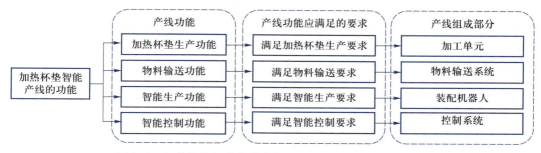

图1-2　加热杯垫智能产线功能要求及组成部分之间的关系

为进一步明确、细化加热杯垫智能产线的功能及组成部分，本项目分为两个任务：任务一　加热杯垫智能产线功能分析，任务二　加热杯垫智能产线组成分析。

任务一
加热杯垫智能产线功能分析

任务描述

根据加热杯垫的生产工艺过程，以及智能产线设计的基本要求，对加热杯垫智能产线应具备的功能进行分析，整理后填入加热杯垫智能产线功能分析表，见表1-1。

表 1-1　加热杯垫智能产线功能分析表

序号	功能名称	功能描述	汇报学生
1			
2			
3			
4			

注：可加行。

任务分析

　　加热杯垫智能产线的首要任务是完成加热杯垫的装配生产，因此，应根据加热杯垫的生产工艺过程分析并确定产线的基本功能。为实现智能生产，产线还应具备智能输送、检测和存储等功能。

　　任务分析思路：分析加热杯垫生产工艺→根据加热杯垫生产工序划分产线基本生产功能→分析产线物料输送功能、产线智能检测功能、产线存储功能等→汇总加热杯垫智能产线功能。

知识链接

一、生产过程与加工工艺过程

微视频
生产过程与加
工工艺过程

　　1. 生产过程

　　生产过程是指将原材料转变为成品的全过程，包括生产技术准备工作、毛坯的制造过程、零件的加工过程、产品的装配过程和各种生产服务活动等。

　　2. 加工工艺过程

　　加工工艺过程是指使各种原材料和半成品加工成为产品的方法和过程。

　　加工工艺过程又可分为机械加工工艺过程、热处理工艺过程（本书不涉及）和装配工艺过程等。

　　机械加工工艺过程是利用机械加工的方法直接改变毛坯的形状、尺寸和机械性能等，使之成为合格零件的过程。

　　机器的装配工艺过程是将加工合格的零件按照一定的次序和规定的装配技术要求结合成组件，然后由组件及若干零件结合成部件，再由若干零件、组件和部件结合成机器并达到设计要求的整个工艺过程。装配工艺过程包括清理、连接、配合、调整、检验和包装等环节。

3. 工序、安装与工位

工序是指工件在一个工位上被加工或装配所连续完成的那部分工艺过程。划分工序的依据是工作地（或加工单元）是否变动和加工或装配是否连续。

安装是指为完成一道或多道加工工序，在加工之前对工件进行定位、夹紧和调整的作业过程。产品大量生产的流水式装配产线中，为提高加工效率，减少安装时间，可采用专用随行夹具进行产品安装，工件在随行夹具上安装定位后，由输送装置把随行夹具输送到各个加工工位上进行加工。

工位是指生产过程最基本的生产单元，在工位上安排人员、设备、原料工具进行生产装配。

二、生产类型及装配的生产组织形式

1. 生产类型

按企业生产的专业化程度进行分类，可将生产划分为三种类型：单件生产、成批生产和大量生产。

（1）单件生产是指每种产品仅制造一个或几个，很少重复生产的一种生产类型。其特点是产品种类繁多，每种产品生产数量少。新品试制、样机制造都属于这种生产类型。

（2）成批生产是指产品种类多且同一种产品有一定的生产数量要求，能进行成批生产或在一段时间后又重复某种产品生产的一种生产类型。成批生产中，每批投入生产的同一种类产品的数量称为批量。根据产品生产批量大小，又可将生产分为小批生产、中批生产和大批生产。

（3）大量生产是指同一产品的生产数量很大且产品种类固定不变的一种生产类型。

2. 装配的生产组织形式

装配的生产组织形式主要包括固定式装配和移动式装配两种。

（1）固定式装配是指将零件或产品固定在一个工位上进行装配，装配过程中产品的位置不变，所需的零部件及工艺装备集中放置在工作地点附近，由一组工人完成装配的生产组织形式。固定式装配效率较低、装配周期较长，对工人的技术要求高，适用于单件或小批生产的产品、重型而不易移动的产品的装配，如坦克、大飞机等。

（2）移动式装配又称为流水式装配，是指产品随输送装置在多工位生产线上按装配顺序由一个工位向另一个工位移动，每个工位按照工艺规程完成一定的装配工序，最后形成整个产品的生产组织形式。移动式装配中每一个生产工位只专注处理某一个工序的工作，以提高工作效率及产量，产品大量生产时通常采用此类生产组织形式。

三、装配生产线及装配自动化

1. 装配生产线

装配生产线是输送系统、随行夹具和在线专机、检测设备的有机组合。随着企业设备智能化管理水平的提高，现代装配生产线能完成产品的装配、智能检测、智能打标和包装等工序。

2. 装配自动化

装配自动化是指对某种产品用某种控制方法和手段，通过执行机构，使其按照预定的程序自动进行装配，而无须人直接干预的装配过程。

四、产线设计的基本要求

机械设计的基本要求适用于产线设计，无论是设计一条新产线还是在原产线上进行局部改造或升级更新，其设计都应根据产线在功能、工艺、使用与维修和经济性等诸多方面上的要求而开展。因此，产线设计的基本要求是在完成规定功能的前提下，尽量做到性能好、效率高、成本低。

1. 功能性要求

功能性要求是产线设计的首要要求。设计是将一组功能性要求转换成产品、过程或服务的创作过程，所设计的产线必须满足使用上的特性和能力。为此，必须正确地划分产线功能至各加工单元，合理地分配各加工单元的工作内容。

2. 可靠性要求

可靠性是指产线在设计的使用寿命期内，在规定的工作条件下，一致地完成预定功能的能力。产线可靠性与加工单元及其零部件的可靠性相关，因此，提高产线可靠性的关键之一是提高其组成零部件的可靠性，应尽可能减少零部件的数目，选用标准件，合理设计零部件的结构，力求结构简单、加工容易、拆装方便。

3. 市场需求和经济性要求

设计产线时，应把设计、制造、使用及市场需求作为一个整体全面考虑，寻求最优的经济效益。

4. 劳动保护和环境保护要求

所设计的产线应符合国家劳动保护法规要求和环境保护法规要求。要保证操作者安全、操作方便，减轻操作时的劳动强度。要改善操作者和产线的工作环境，降低产线工作时的振动和噪声，设置污染物的回收和处理装置。

5. 其他特殊要求

如对产线长期保持加工精度的要求，易于改造的要求，柔性加工要求等。

此外，产线工作时，工件以一定的节拍和输送速度从一个加工单元向另一个加工单元移动，因此产线设计时还应满足节拍平衡要求，即使各加工单元的作业时间平衡，避免出现等料或堆料现象；满足排布紧凑要求，即合理布置加工单元在产线中的位置，尽可能地利用场地空间，减小工件的移动距离，降低辅助加工时间，从而提高生产效率。

1. 加热杯垫的装配工艺分析

加热杯垫的装配工艺过程：原料库上料→组装上盖与下盖→螺纹紧固→紧固后检测→半成品缓冲存储→物料打码→辅料装配→产品包装→物料盒打码→成品入库。

2. 加热杯垫智能产线功能分析

（1）基本生产功能：根据加热杯垫的装配工艺过程，智能产线应具备加热杯垫零件自动上料、杯垫组装、螺纹紧固、紧固后检测、半成品缓冲存储、物料打码、辅料装配、产品包装、物料盒打码、成品入库等基本生产功能。

（2）智能生产功能：各加工单元应配置多轴机器人，且机器人可根据不同的执行任务更换不同的末端执行器，实现对不同物料的抓取、释放功能，完成不同的加工、装配任务等。

（3）物料输送功能：

① 加热杯垫智能产线应具有智能输送系统，该输送系统能按照加热杯垫的生产工艺顺序将物料以一定的节拍运送至各加工单元。

② 加热杯垫智能产线应具有柔性输送单元，如AGV小车，为各加工单元运送辅料、工艺装备等。

③ 加热杯垫智能产线的仓储区应具有上下料机械手，能对仓储区的物料进行自动识别、定位、抓取、移动及释放操作。

（4）智能检测功能：为实现加热杯垫的智能装配，产线应具备智能检测功能，具体包括物料类型的智能检测、物料位置的智能检测（即物料位置的智能识别与定位）以及装配质量的智能检测。

（5）产线存储功能：上下料区域及缓存区域的物料存储功能，可通过货架与上下料机械手实现。

✏️ **任务评价**

按照表1-2的要求完成本任务评价。

表1-2　加热杯垫智能产线功能分析任务评价表

任务	训练内容	分值	训练要求	学生自评	教师评分
加热杯垫智能产线功能分析	装配工艺分析	20分	（1）正确分析加热杯垫的装配工艺过程； （2）正确列出加热杯垫装配工艺过程		

任务	训练内容	分值	训练要求	学生自评	教师评分
加热杯垫智能产线功能分析	产线功能分析	50分	（1）分组讨论、汇总加热杯垫智能产线应具备的功能，并填入表1-1中； （2）小组汇报加热杯垫智能产线应具备的功能并加以解释说明		
	职业素养与创新思维	30分	（1）细致思考、举一反三； （2）团队合作、分组讨论、分组汇报； （3）遵守纪律，遵守实验室管理制度		
			学生：　　　　教师：　　　　日期：		

任务二
加热杯垫智能产线组成分析

任务描述

根据加热杯垫智能产线的功能分析结果，进行产线组成分析，并完成以下任务要求。

（1）将产线功能分解并分配至各加工单元，明确各加工单元的数量与功能，并分析各加工单元的主要组成，填写加热杯垫智能产线功能与加工单元对应关系表，见表1-3。

表1-3　加热杯垫智能产线功能与加工单元对应关系表

序号	功能名称	完成该功能的加工单元	加工单元的主要组成部分	汇报学生
1				
2				
3				
4				

注：可加行。

（2）明确产线布置形式，并根据加热杯垫装配工艺，安排各加工单元在产线中的位置。

　　根据加热杯垫装配工艺划分加工单元，使加工单元与工序内容对应，即将产线基本功能分解并分配至各加工单元→根据工序内容及功能要求，明确加工单元完成该工序应具备的基本组成部分→依据物料特点及各加工单元的物料需求，明确产线输送系统类型→明确产线布置形式，并依据加热杯垫生产工艺过程安排各加工单元在产线中的位置。此外，还应综合考虑产线整体运行时的物料输送、节拍平衡等要求，为产线配置缓冲单元等组成部分。

🔗 知识链接

一、物料输送系统

　　物料输送系统是智能产线中最重要和最具有代表性的辅助设备，它将被加工工件从一个工位传送到下一个工位，为保证智能产线按生产节拍连续地工作提供条件，并从结构上把智能产线的各台自动机床联系成为一个整体。

　　物料输送系统的形式多样，主要形式包括带式、链板式、辊子式和悬挂式等。此外，自动导向（Automated Guided Vehicle，AGV）小车的输送路线可以随着生产工艺过程的调整而及时调整，故常常用于柔性的物料输送系统。

　　1. 带式输送系统

　　带式输送系统是一种利用连续运动且具有挠性的输送带来输送物料的输送系统，主要由输送带、驱动装置、传动滚筒、改向滚筒、托辊（或托板）和张紧装置等组成。工作时输送带作为承载和牵引构件，由上下托辊（或托板）支承，绕过头尾的传动滚筒和改向滚筒形成闭合回路，借助传动滚筒和输送带之间的摩擦传递动力，实现物料的连续输送。

　　由于输送带具有挠性和弹性，可吸收振动和缓和冲击，故可使传动平稳、噪声小。过载时，输送带与滚筒之间可发生相对滑动而不损伤其他零件。带式输送系统主要适用于散状物料、单件质量小的物料，以及远距离输送的场合。

　　2. 链板式输送系统

　　链板式输送系统由链条、驱动链轮、电动机、减速器、联轴器和承载托板等组成，若长距离输送应增加张紧装置和链条支承导轨。链板式输送系统利用链条与驱动链轮啮合传动的方式进行物料输送，由电动机为系统提供动力，带动驱动链轮转动，链条由驱动链轮牵引，由链条支承导轨支承，物料直接压在链条上或放置在承载托板上，随着链条的运动而向前移动。

　　链板式输送系统具有传递功率大、效率高、适合远距离输送物料的特点，但工作时有一定的动载荷与冲击。

3. 辊子式输送系统

辊子式输送系统是利用辊子的转动来输送工件的输送系统，分为无动力辊子输送系统和动力辊子输送系统。

无动力辊子输送系统依靠物料自重或人的推力使物料向前输送，要求物料底面平整坚实。

动力辊子输送系统由驱动装置通过链传动或带传动方式使辊子转动，依靠辊子与物料之间的摩擦力实现物料的输送，常用于水平或向上微倾斜的输送线路。

4. 悬挂式输送系统

悬挂式输送系统是在空间连续输送物料的系统，由牵引件、滑架小车、吊具、轨道、张紧装置、驱动装置、转向装置和安全装置等组成。工作时，滑架小车沿轨道运行，吊具挂在滑架小车上，物料装在专用箱体或支架上并挂在吊具上，沿预定轨道运行。悬挂式输送系统的输送路线可在空间上下坡和转弯，布局方式灵活，占地面积小，适用于车间内成件物料的空中运输。

5. AGV小车

AGV小车是一种由计算机控制，按照一定程序自动完成运输任务的运输工具，是柔性物流系统中的重要运输工具。

（1）AGV小车有以下特点。

① 具有较高的柔性，通过改变导向程序即可完成AGV小车运输路线的改变。

② 由计算机完成与AGV小车的双向通信，可实现AGV小车运动轨迹、当前位置、运动参数等情况的实时监视和控制。

③ 安全可靠，有微处理器控制系统，可与其他AGV小车通信，以防止碰撞；有定位精度传感器或定位中心装置，以保证定位精度。

④ 维护方便，可自动寻址充电。

（2）根据是否有固定导向线，AGV小车可分为固定路径引导小车和自由路径引导小车。根据导向方式不同，可分为线导小车、光导小车、遥控小车和视觉引导小车等。

① 线导小车：利用电磁感应制导原理进行导向，需要在行车路线的地面上埋设环行感应电缆，当高频电流流经电缆时，电缆周围产生电磁场，AGV小车上左右对称安装两个电磁感应器，它们所接收的电磁信号的强度差异可以反映AGV小车偏离路径的程度，AGV小车的自动控制系统根据这种偏差来制导小车运动。

② 光导小车：利用光电制导原理进行导向，需要在行车路线上涂上能反光的荧光线条，AGV小车上的光敏传感器接收反射光来制导小车运动。

③ 遥控小车：以无线电发送接收设备传送控制命令和信号，小车无固定运动路线。

④ 视觉引导小车：AGV小车上装有CCD摄像机和传感器，在车载计算机中设置有AGV小车行驶路径周围环境图像数据库，在AGV小车行驶过程中，摄像机动态获取车辆周围环境图像信息并与图像数据库进行比较，从而确定当前位置并对下一步行驶做出决策。由于此类型小车无须提前铺设物理路线，因此具有理论最佳引导柔性，随着图像采集、处理技

术的快速发展，已成为主要发展方向。

二、装配机器人

微视频
装配机器人的
分类

装配机器人是指为完成各种装配任务而设计的工业机器人，相比于一般工业机器人，装配机器人具有精度高、工作稳定、柔性好、能与其他系统配套使用等特点。

装配机器人是自动装配系统的核心设备，由机器人主体、末端执行器、控制器、传感系统等部分组成。其中机器人主体由4至6轴组成。

1. 装配机器人的分类

根据臂部运动形式不同，装配机器人可分为直角式装配机器人和关节式装配机器人。

动画
直角式装配机
器人

（1）直角式装配机器人，又称为桁架式装配机器人或龙门式装配机器人，是工业机器人中最简单的一类。工作时，机器人的行为方式主要是通过沿着X、Y、Z轴作线性运动来实现的，可以遵循可控的运动轨迹到达XYZ三维坐标系中的任意一点。

（2）关节式装配机器人，是目前装配生产线上应用最广泛的一类机器人，工作时其各个关节的运动都是转动，与人的手臂类似。它具有结构紧凑、工作空间相对较大、自由度高、适合几乎任何轨迹或角度的工作、编程自由、动作灵活等特点。

2. 装配机器人的末端执行器

装配机器人的末端执行器又称为机器人手爪、手部，是夹持物料移动的一种夹具，与物料直接接触。末端执行器对机器人装配任务起到关键作用，直接影响夹持物料时的定位精度、夹持力等。根据夹持物料的外形、重量等不同，末端执行器可分为吸盘式和夹钳式等类型。

（1）吸盘式末端执行器包括气吸式和磁吸式两种类型，分别通过吸盘内的真空负压和电磁吸力来吸取物料。气吸式末端执行器广泛用于板材、玻璃等表面平整、材质致密、无透气孔隙的轻型物料的吸取。磁吸式末端执行器适用于吸取铁磁材料所制成的工件，工作时对工件表面的粗糙度、通孔、沟槽等无特殊要求。

（2）夹钳式末端执行器是最常用的一类机器人手爪，此类手爪的通用性较差，一种手爪只能抓住一种或几种在形状、尺寸、重量等方面相近的物料，且一种手爪只能执行一种装配作业任务。因此，在执行装配任务时，应根据物料和装配任务的不同，更换装配机器人末端执行器。

三、产线的布置形式

微视频
产线的布置形式

装配生产线的平面布置形式除了典型的直线形之外，为了最大限度地利用场地，还可以采用环形、U形和S形等，如图1-3所示。

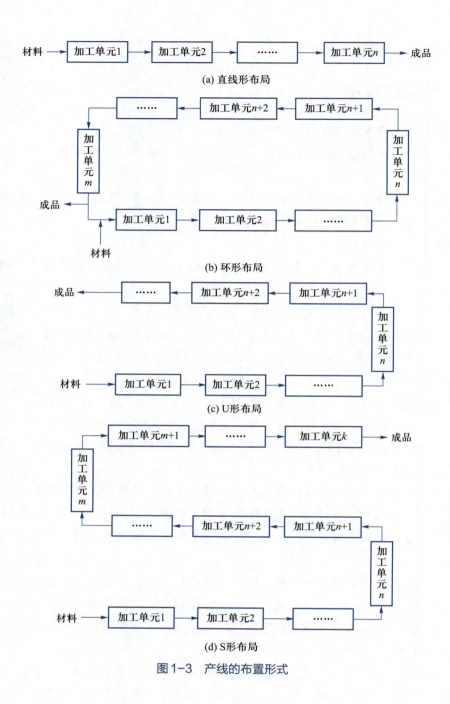

(a) 直线形布局

(b) 环形布局

(c) U形布局

(d) S形布局

图1-3　产线的布置形式

1. 加热杯垫智能产线组成分析

（1）加热杯垫智能产线中的加工单元应与加热杯垫生产工艺过程中的工序一一对应，以完成各工序的加工内容，实现产线的基本加工功能。

① 加工单元1——原料库，主要功能是存储原材料及其他辅料，为产线

动画
原料库动作

上料。加热杯垫原材料体积小、质量轻，可采用多层货架存储原材料，采用关节式装配机器人进行原材料的抓取和释放，为产线上料。

② 加工单元2——杯垫组装站，主要功能是完成杯垫上盖与下盖的组装。杯垫组装站由电控柜提供控制功能，关节式装配机器人进行物料抓取和释放，并在杯垫组装平台上完成杯垫上盖与下盖的装配任务。根据工作任务不同，关节式装配机器人应及时更换末端执行器，不同的末端执行器放置于换手平台中。

③ 加工单元3——螺纹紧固站，主要功能是对加热杯垫上盖与下盖进行组装后的螺纹紧固。螺纹紧固站由电控柜提供控制功能。螺纹紧固前，关节式装配机器人抓取加热杯垫，并将其从随行夹具中转移至螺纹紧固平台上。从螺钉供料盒中抓取螺钉，完成螺纹紧固任务后，关节式装配机器人抓取加热杯垫并将其放回随行夹具中。执行不同任务前，关节式装配机器人应从换手平台处更换末端执行器。

④ 加工单元4——翻转检测站，主要功能是对紧固后的加热杯垫进行检测。翻转检测站由电控柜提供控制功能。检测前，关节式装配机器人抓取加热杯垫，并将其从随行夹具中转移至翻转检测平台上。由翻转检测平台完成检测后，关节式装配机器人抓取加热杯垫并将其放回随行夹具中。

⑤ 加工单元5——半成品库，作为产线缓冲区，主要功能是存储半成品并适时为产线提供半成品物料，平衡产线节拍。半成品库站由电控柜提供控制功能，采用直角式装配机器人实现半成品物料的抓取与释放功能。货架式半成品库装于电控柜上，实现半成品存储功能。

⑥ 加工单元6——物料打码站，主要功能是对物料进行打码标识，一物一码。物料打码站由电控柜提供控制功能，输送系统将物料运送至物料打码站，激光打码机执行在线打码任务。

⑦ 加工单元7——辅料装配站，主要功能是进行辅料装配。辅料装配站由电控柜提供控制功能，输送系统将物料运送至辅料装配站，关节式装配机器人执行在线装配任务。执行装配任务前，关节式装配机器人从换手平台处更换末端执行器，从数据线料库中抓取辅料，再执行辅料装配任务。

⑧ 加工单元8——包装站，主要功能是对成品进行自动包装。包装站由电控柜提供控制功能，自动包装平台实现成品的自动包装功能，关节式装配机器人提供成品抓取和释放功能，实现包装前后成品在输送系统和自动包装平台之间的转运。

⑨ 加工单元9——物料盒打码站，主要功能是对包装盒进行打码，其功能及组成与物料打码站相似。

动画
杯垫组装站动作

动画
螺纹紧固站动作

动画
翻转检测站动作

动画
半成品库动作

动画
物料打码站动作

动画
辅料装配站动作

动画
包装站动作

动画
物料盒打码站
动作

动画
成品库动作

⑩ 加工单元10——成品库，主要功能是产线下料、存储成品，其组成与半成品库站相似。

（2）加热杯垫智能产线的物料输送系统。

① 加热杯垫材料运输。加热杯垫及相关原材料的单件质量小，可采用带式输送系统。工作时，加热杯垫原材料放置在随行夹具上，随行夹具随着输送系统以一定的节拍和输送速度，依次输送物料至各加工单元，待完成加工和成品入库后，带式输送系统将随行夹具运回至原料库中。

② 其他物料运输。采用AGV小车为产线中各加工单元输送必要的物料及工艺装备等。相关物料存储于原料库中，由原料库中的关节式装配机器人完成物料分拣，由AGV小车完成物料运输。

（3）整理以上分析结果并填写表1–3。

2. 加热杯垫智能产线布置分析

（1）选择S形产线布置形式。由于产线中加工单元的数量较多，为提高场地利用率，减少空间浪费，确定产线布置形式为S形。

（2）根据加热杯垫的生产工艺过程，产线各加工单元按顺序1~10安排在产线中。

任务评价

按照表1–4的要求完成本任务评价。

表1–4 加热杯垫智能产线组成分析任务评价表

任务	训练内容	分值	训练要求	学生自评	教师评分
加热杯垫智能产线组成分析	产线组成分析	50分	（1）正确分析加热杯垫智能产线的组成加工单元； （2）正确分析各加工单元的主要组成； （3）正确选择物料输送系统； （4）分组讨论、汇总加热杯垫智能产线及各加工单元的组成，填入表1–3中		
	产线布置分析	20分	正确选择产线布置形式，安排各加工单元在产线中的位置		
	职业素养与创新思维	30分	（1）细致思考，举一反三； （2）团队合作，分组讨论，分组汇报； （3）遵守纪律，遵守实验室管理制度		
学生：			教师：		日期：

📝 项目小结

　　本项目以加热杯垫智能产线为例，使读者了解产线设计要求；了解产线的功能及组成部分的分析方法，能根据加工对象的生产工艺流程及智能产线设计要求，分析产线的主要功能，能将产线功能分解、分配至加工单元，明确各加工单元的主要组成；了解产线输送系统的分类及布置形式，能分析确定产线布置形式，安排各加工单元在产线中的位置。

　　请读者进行本项目各任务的学习与实施，熟悉加热杯垫智能产线，明确本书设计与仿真的对象，为后续产线的设计与仿真打下基础。

☁️ 思考与练习

　　（1）加热杯垫智能产线中所设置的半成品库站有何功能？试分析其在产线中的必要性。

　　（2）试分析产品加工工序与产线功能、产线组成部分之间的关系。

　　（3）比较不同类型的产线布置形式，分析它们的特点。

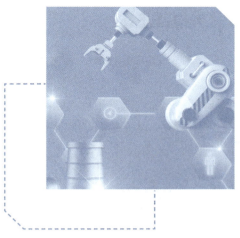

项目二
智能产线的仿真技术

项目引入

仿真的基本思想是利用物理或数学模型来模仿现实，以寻求对真实过程的认识。荀子曰："君子生非异也，善假于物也。"工程师在进行智能产线设计时，基于计算机辅助技术和理论，合理地选用设计与仿真软件为我所用，在软件环境下进行产线结构设计与性能仿真，可以提高设计阶段的经济性与效率，降低实际样机的故障率和返工率，从而加快设计周期、提高产品竞争力。

项目描述

熟悉智能产线仿真技术，选择合适的软件，并熟悉软件的基本操作，是顺利开展智能产线设计与仿真的基础，本项目要求：

（1）分析加热杯垫智能产线设计与仿真主要使用的计算机辅助技术，以及所使用的软件和模块。

（2）在 NX 软件（一款由西门子公司推出的多功能辅助设计软件）中新建不同类型的NX文件，进行环境设置；打开现有模型，对其进行视图操作并对不同对象进行图层管理。

项目目标

➤ 知识目标：掌握智能产线设计与仿真的主要内容，熟悉智能产线仿真的意义，掌握 NX 软件的基本操作。

➤ 能力目标：能正确创建不同类型的NX文件，进行环境设置，能正确创建NX坐标系和基准特征，能正确对NX模型进行视图操作，能正确进行NX图层管理。

➤ 素质目标：主动探索、积极思考、善用工具。

项目分析

进行产线具体的设计与仿真之前，应解决两个问题：一是设计与仿真的对象和目标是什么，二是采用何种方法、何种手段开展设计与仿真。其中第一个问题已在项目一中进行了分析，本项目主要分析问题二。

为解决问题二，本项目分为两个任务：任务一 认识智能产线仿真技术，任务二 认识NX软件的基本操作。

任务一
认识智能产线仿真技术

📋 任务描述

学习本任务知识链接中的计算机辅助技术等相关知识，并结合文献法、调研法和讨论法分析以下内容。

（1）加热杯垫智能产线设计与仿真主要使用的计算机辅助技术。

（2）完成加热杯垫智能产线设计与仿真过程可使用的计算机辅助软件及其功能模块。

💻 任务分析

计算机辅助技术能辅助设计者在特定的应用领域内完成设计与仿真任务，因此，应针对具体的设计与仿真任务，选择适用的计算机辅助设计软件。

任务分析思路：明确加热杯垫智能产线设计与仿真的主要内容→确定主要使用的计算机辅助技术→选择所使用的计算机辅助软件及其功能模块。

🔗 知识链接

一、计算机辅助技术

计算机辅助技术（Computer Aided Technology）是以计算机为工具，以计算机辅助软件为载体，辅助设计者在特定应用领域内完成任务的理论、方法和技术。

1. 计算机辅助设计

计算机辅助设计（Computer Aided Design，CAD），是以计算机为工具，辅助设计者完成产品设计，以提高产品设计质量，缩短产品开发周期，降低产品成本的技术。CAD技术可用于进行二维、三维的几何形体建模，各种机械零部件的设计与组装，主要包括工程制图、零件建模和装配建模等。

2. 计算机辅助工程

计算机辅助工程（Computer Aided Engineering，CAE），是利用计算机对工程和产品进行性能与安全可靠性分析，对其未来的工作状态和运行行为进行模拟，以及早发现设计缺陷的技术。CAE技术可用于求解分析复杂工程和产品的结构力学性能，以及优化结构性能，主要包括静态与动态结构分析、流体分析和磁场分析等。

3. 计算机辅助制造

计算机辅助制造（Computer Aided Manufacturing，CAM），是利用计算机分级结构将产品的设计信息自动地转换成制造信息，以控制产品的加工、装配、检验、试验和包装等全过程，以及与此过程有关的全部物流系统和初步的生产调度的技术。CAM技术主要包括数控编程、加工仿真、生产控制及管理等。

4. 计算机辅助工艺设计

计算机辅助工艺设计（Computer Aided Process Planning，CAPP），是在产品制造过程中，利用计算机辅助编制工艺计划的技术。CAPP技术可用于实现产品设计信息向制造信息的传递，是连接CAD与CAM的桥梁，主要包括毛坯设计、加工方法选择、工艺路线制定、工序设计和夹具设计等。

5. 产品数据管理

产品数据管理（Product Data Management，PDM），是管理与产品相关的所有数据和过程的技术。PDM技术基于数据库技术，将产品的所有工程数据，包括零件信息、配置、文档、CAD文件、结构、权限信息、过程定义和管理等数据进行存储、提取和再利用，可加强对数据的高效利用，实现不同环节数据的一致性，使工作流程规范化，实现无纸化生产。

6. 产品生命周期管理

产品生命周期管理（Product Lifecycle Management，PLM）是对产品实施从需求分析开始到产品淘汰全生命过程的信息管理，以降低产品生产成本的技术。PLM是一种先进的企业信息管理理念。PLM包含PDM的全部内容，强调对产品生命周期内跨越供应链的所有信息进行管理和利用，是对PDM的一种升华和扩展。

二、产线设计与仿真的主要内容

微视频
产线设计与仿真的主要内容

产线设计与仿真的内容主要包括三个方面：生产工艺规划与设计、产线建模设计与仿真和产线虚拟调试仿真与优化。

（1）生产工艺规划与设计，主要是设计并确定产品生产工艺过程、物料流转方式、产线设备组成、设备摆放位置和产线布局形式，包括加工设备的类型、数量与布局，物料输送系统的选择与设计，相关辅助设备的确定等，以便对整个产线进行合理的配置。

（2）产线建模设计与仿真，即建立产线仿真模型，反映实际产线的功能和属性。产线仿真模型的准确度直接影响仿真的最终结果，是产线仿真的关键。产线建模包括几何建模和逻辑建模。几何建模是指对产线上的所有加工设备、物流设备和其他辅助设备等进行三维实体建模，形成三维可视化的产线数字样机，用于建立仿真系统的外形、结构与组成等。逻辑建模即描述工序之间优先级、工序所需资源和发生在特定时间不同资源对象的交互活动的一种逻辑模型，用于仿真系统运行逻辑。

（3）产线虚拟调试仿真与优化指的是基于产线仿真模型和控制程序进行产线机、电、气联调仿真，并基于仿真结果，优化控制程序和产线仿真模型。产线虚拟调试仿真与优化是产线闭环反馈设计回路中的重要环节，为产线设计与优化提供数据基础，指明优化方向。

本书中加热杯垫智能产线的设计与仿真主要侧重于产线三维实体建模与仿真。

三、产线仿真的意义

产线设计与仿真是借助于计算机辅助设计技术、数字孪生技术及相应的设计仿真软件等，在建立实际产线之前，对产线整体、组成、结构、布局和性能进行设计、仿真、验证及优化的过程。产线仿真具有以下工程意义。

（1）产线早期验证，为初步验证产线设计的有效性提供技术手段，提高设计质量。

（2）缩短产线开发周期，加快开发设计进程，可减少开发过程中错误的发生和不必要的返工，降低开发费用。

（3）产线投产前对其重要功能和性能进行仿真，检测和消除设计缺陷，提前发现并解决一系列技术上的问题从而降低创新风险。

（4）产线仿真模型可应用于整个产线建设生产流程，贯通规划、建设、调试、生产、优化、监控整个流程，实现产线智能化，更直观和简便地监控整个生产过程，从而极大地提升产线设计工作效率及后期数据应用率。

任务实施

1. 明确加热杯垫智能产线仿真内容，确定所使用的计算机辅助技术

加热杯垫智能产线的设计与仿真主要围绕加热杯垫智能产线的功能设计、组成结构设计、零件建模仿真、装配建模仿真等展开，主要使用计算机辅助设计技术，涉及零件的三维实体建模技术，组件、部件等装配体的装配建模技术，以及非标零件的二维工程制图技术。

2. 明确可使用的计算机辅助设计软件及其功能模块

分小组实施，组内成员分别就三维实体建模技术、装配建模技术以及二维工程制图技术可使用的计算机辅助设计软件及功能模块展开调研并汇总。

任务评价

按照表2-1的要求完成本任务评价。

表2-1　认识智能产线仿真技术任务评价表

任务	训练内容	分值	训练要求	学生自评	教师评分
认识智能产线仿真技术	明确加热杯垫智能产线仿真内容，确定所使用的计算机辅助技术	20分	正确分析加热杯垫的智能产线设计与仿真所使用的计算机辅助技术		

任务	训练内容	分值	训练要求	学生自评	教师评分
认识智能产线仿真技术	明确可使用的仿真软件及其功能模块	50分	小组协作，正确、完整地搜集加热杯垫智能产线设计与仿真可使用的计算机辅助设计软件及其功能模块		
	职业素养与创新思维	30分	（1）积极思考，主动探索； （2）分组讨论，分组汇报； （3）遵守纪律，遵守实验室管理制度		
			学生： 教师： 日期：		

任务二
认识 NX 软件的基本操作

📋 任务描述

无论是进行零件建模，是进行装配体建模，还是进行二维图设计，在开展具体的设计之前，都应该对设计环境进行统一设置，对文件进行有效管理等，这就涉及 NX 软件的基本操作。学习 NX 软件的基本操作，并完成以下任务内容：

（1）在 NX 软件中，分别新建一个建模类型的文件和一个装配类型的文件，并将它们保存在 "D:\model\" 文件夹中。对建模类型的文件进行首选项设置，将实体颜色设置为灰色，线型宽度设置为 0.5mm，透明度设置为 50。

（2）正确打开已有的 NX 文件模型，对模型进行放大、缩小、旋转等操作，观察模型。为该模型文件创建 "实体""草图""参考对象" 三个图层类别，并将对象整理、移动至对应的图层，对草图、基准等辅助建模对象进行不可见设置。

📊 任务分析

NX 软件提供多种模板，选择不同模板文件将进入不同的模块环境。因此，新建文件时，应注意选择文件模板，以创建正确的文件。新建文件的思路：启动 NX 软件→新建文件并选择文件模板，设置文件名称，设置文件保存路径→设计环境设置（首选项设置）。

产品设计过程中，将产生不同类型的对象，如草图、实体、曲线等，而设计完成后，通常只需展示实体对象。NX软件的图层管理功能可用于对不同对象进行管理。图层管理的思路：根据对象类型创建图层类别→对不同的图层进行设置（含可见性、可选择性等设置）→移动对象至相应的图层。

 知识链接

一、NX软件简介

1. NX软件

西门子NX软件是一款集CAD/CAE/CAM于一体的数字化产品开发系统，涵盖了产品从概念（CAID）、设计（CAD）、分析（CAE），到制造（CAM）的完整开发流程，同时运用并行工程工作流、上下关联设计和产品数据管理（PDM），保持数据的统一性、一致性，简化整个开发流程。

（1）概念设计：融合设计需求管理、系统工程、机械设计、电气设计、工业自动化、调试验证等模块，实现多学科支持的系统设计与早期验证。

（2）产品设计：NX软件的建模解决方案结合了线框、曲面、实体建模、参数建模、直接建模和仿真驱动建模，可用于产品的二维和三维CAD建模设计、装配设计、钣金设计和管路设计等。

（3）性能仿真：NX软件提供多种仿真实验环境，通过仿真测试预测产品未来的性能，可用于结构分析、热分析、流体仿真、运动分析、多物理场、工程优化等。

（4）加工制造：在NX软件中可进行刀具切削路径规划、机器人运动路径规划、检测路径规划、机床运动仿真，实现CNC机床编程设计，控制机器人单元，驱动3D打印机并监控质量。

2. NX软件版本

本书所使用的NX软件版本为NX 1953，在不做特别说明的前提下，书中所提到的NX软件均指NX 1953版本。

二、NX文件管理

1. 启动NX软件

正确安装NX软件后，有多种启动NX软件的方法，包括：

（1）单击NX程序图标██，启动NX软件。

（2）在操作系统桌面菜单中选择【开始】|【所有程序】|【NX 1953】，启动NX软件。注："|"是下一步操作的意思。

（3）双击带有 .prt 扩展名的任意NX文件，会自动启动NX软件并加载文件。

2. 打开NX文件

打开NX文件的方法有以下几种：

（1）双击文件，可用于打开带有 .prt 扩展名的任意 NX 文件。

（2）单击【文件】|【打开】命令按钮，在弹出的【打开】对话框中选择要打开的文件，单击【确定】按钮。此方法可以打开 NX 文件，还可以将来自其他兼容性 CAD/CAM 产品的文件作为 .prt 文件打开。

（3）单击【历史记录】命令按钮，在资源条上打开【历史记录】资源板，其中列出的是最近打开的文件，单击文件或者将文件拖到空的图形窗口上，可在图形窗口中打开该文件。

3. 新建 NX 文件

单击【文件】|【新建】命令或者直接单击【新建】命令按钮，在弹出的如图 2-1 所示的【新建】对话框中，选择新建文件的模板类型（如模型模板、图纸模板、仿真模板等），选择单位，设置文件名并选择文件保存路径，单击【确定】按钮后进入新建的 NX 文件。

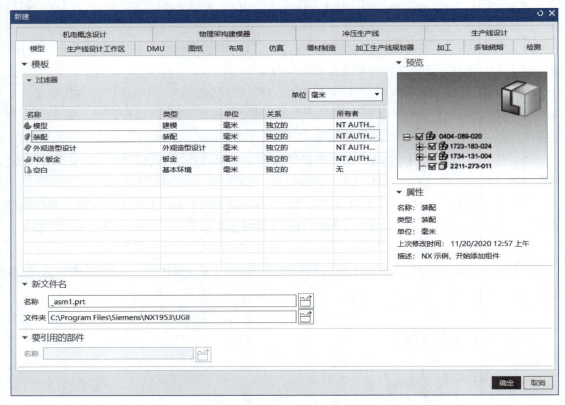

图 2-1 【新建】对话框

4. 保存 NX 文件

NX 软件提供多种文件保存策略，单击【文件】|【保存】命令，在其下拉菜单中提供【保存】、【仅保存工作部件】、【另存为】、【全部保存】等命令。

（1）【保存】命令：用于保存当前工作部件，如果工作部件是装配，则保存所有修改过的组件部件。

（2）【仅保存工作部件】命令：用于装配中仅对一个组件进行更改保存。

（3）【另存为】命令：用于复制工作部件，将副本保存到其他目录，或更改其名称。

（4）【全部保存】命令：用于保存所有打开的部件和顶层装配部件。

5. 关闭 NX 文件

单击【文件】|【关闭】命令，在其下拉菜单中提供【选定的部件】、【所有部件】、【保存并关闭】、【另存并关闭】、【全部保存并关闭】等命令。

（1）【选定的部件】命令：用于关闭选定的部件。

（2）【所有部件】命令：用于关闭所有部件。

还可通过单击图形窗口上方的关闭按钮⊠，关闭文件。

6. 导入和导出文件

在【文件】|【导入】命令的下拉菜单中，提供【部件】命令，以及 NX 软件与其他应用程序文件格式的接口，用于导入已存在的 NX 文件和其他非 NX 文件，例如 AutoCAD、DXF/DWG、IGES、STEP、STL 等文件。

在【文件】|【导出】命令的下拉菜单中，可以将 NX 文件导出为其他文件格式，包括图像、PDF、JT、AutoCAD、DXF/DWG、IGES、STEP、STL 等文件。

三、NX 软件的工作界面

NX 软件的工作界面是用户操作文件的基础，图 2-2 所示为新建了一个【建模】模板文件后的初始工作界面，包括标题栏、快速访问工具条、功能区、顶部边框条、资源条、提示行/状态行、选项卡区域、图形窗口，各组件的作用如表 2-2 所示。

微视频
NX 软件的工作界面

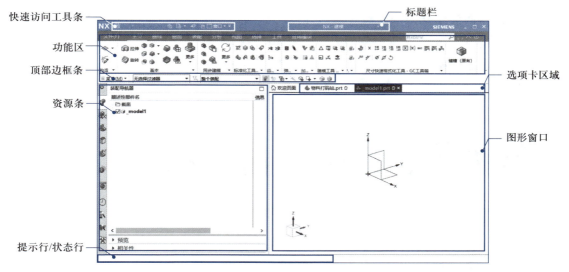

图 2-2　NX 软件的初始工作界面

表2-2　NX软件的初始工作界面各组件的作用

序号	组件	作用
1	标题栏	用于显示当前模块及版本信息
2	快速访问工具条	包含常用命令，如保存和撤销
3	功能区	将每个应用程序中的命令组织为选项卡和组，其中的命令与菜单中的命令一致
4	顶部边框条	包含菜单和选择组命令
5	资源条	包含导航器和资源板，包括部件导航器和角色选项卡
6	提示行/状态行	提示下一步操作并显示消息
7	选项卡区域	显示在选项卡式窗口中打开的部件文件名称
8	图形窗口	模型可视化显示区

1. 切换工作环境

单击功能区中的【应用模块】选项卡，选择要切换至的模块，即可切换至对应的工作环境，如图2-3所示。完成切换后，功能区中的命令也随之变化。

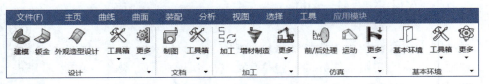

图2-3　【应用模块】选项卡

2. 搜索命令

在工作界面搜索框内输入命令名称，然后单击右侧搜索按钮或按Enter键，系统弹出【命令查找器】对话框；在其中将列出匹配结果，选择其中一个结果，单击右键，在右键菜单中可选择【启动命令】，也可以选择【添加到功能区选项卡】、【添加到快速访问工具条】等，如图2-4所示。

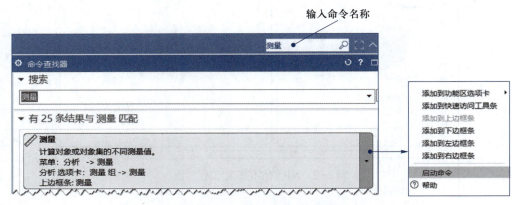

图2-4　【命令查找器】对话框

四、NX软件首选项设置与用户默认设置

NX软件中的参数，例如对象颜色、透明度、字体及大小等，可通过【首选项】命令和【用户默认设置】命令进行设置和控制。

1. 首选项设置

首选项设置只对于当前打开的文件有效，可以理解为一个文件自带一个NX环境，并且新的设置只对之后创建的对象有效。

微视频
NX软件的首选
项设置

单击【菜单】|【首选项】命令，在下拉菜单中选择相应的命令，在弹出的对话框中进行相应的参数设置即可。如图2-5所示，以设置实体对象的颜色为例，单击【菜单】|【首选项】|【对象】命令，在弹出的【对象首选项】对话框的【常规】选项卡中，单击【类型】下拉按钮，选择【实体】类型，单击【颜色】组后面的颜色小块，如图2-6所示，系统弹出【对象颜色】对话框，选择颜色后，单击【确定】按钮。此后，创建的实体对象均显示此颜色。

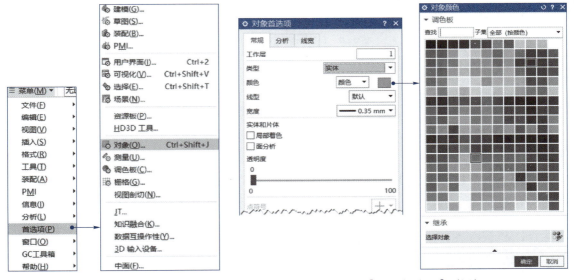

图2-5 【首选项】命令路径   图2-6 【对象首选项】对话框

2. 用户默认设置

用户默认设置指的是NX软件默认的配置环境，修改设置后需重启NX软件，且所设置的参数对于本机用户有效。

单击【菜单】|【文件】|【实用工具】|【用户默认设置】命令，系统弹出如图2-7所示的【用户默认设置】对话框，进行相关参数设置后，单击【确定】按钮。

图2-7 【用户默认设置】对话框

五、NX坐标系

使用NX软件进行建模和装配时，可使用坐标系来确定特征或对象的方位。NX软件中使用的坐标系主要有两类：绝对坐标系和工作坐标系。绝对坐标系（ACS）是模型空间坐标系，其原点和方位固定不变。工作坐标系（WCS）是用户当前使用的坐标系，其原点和方位可以任意设置。如图2-8、图2-9所示，关于WCS设置和变换的命令，位于【菜单】|【格式】|【WCS】的下拉菜单中，以及功能区【工具】选项卡【实用工具】组内的【更多】下拉列表中，单击相应的命令，可进行创建工作坐标系、改变工作坐标系原点、旋转工作坐标系和动态改变工作坐标系等操作。

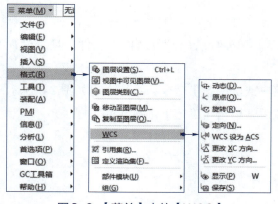

图2-8 【菜单】中的【WCS】

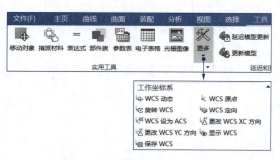

图2-9 功能区中的【WCS】

1. 创建工作坐标系

按照图2-8、图2-9所示路径，单击【定向】或【WCS定向】命令，系统弹出如图2-10所示的【坐标系】对话框，在类型下拉列表中选择创建工作坐标系的方式后进行工作坐标系的定义和创建。

2. 改变工作坐标系原点

按照图2-8、图2-9所示路径，单击【原点】或【WCS原点】命令，系统弹出如图2-11所示的【点】对话框，在类型下拉列表中选择创建点的方式，并创建或指定一个点，或者直接输入点的坐标以指定点，单击【确定】按钮后，工作坐标系原点将移至指定点位置。

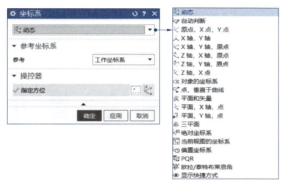

图2-10　【坐标系】对话框　　　　　　　　图2-11　【点】对话框

3. 旋转工作坐标系

按照图2-8、图2-9所示路径，单击【旋转】或【旋转WCS】命令，系统弹出如图2-12所示的【旋转WCS绕...】对话框，选择旋转方式，输入旋转角度值后，单击【确定】按钮。其中坐标轴旋转的正向由右手螺旋法则确定。

4. 动态改变工作坐标系

按照图2-8、图2-9所示路径，单击【动态】或【WCS动态】命令，图形窗口的当前工作坐标系变为临时状态，如图2-13所示，可通过手柄来操控WCS的位置和方向，包括改变原点位置和旋转坐标系等。

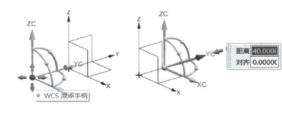

图2-12　【旋转WCS绕...】对话框　　　　图2-13　动态改变工作坐标系

（1）改变原点位置：用鼠标左键按住坐标系原点，将其拖动至指定位置；或者用鼠标拖动轴手柄改变原点位置；亦可以用鼠标单击轴手柄上的箭头后，在【距离】文本框中输入将原点移动的距离，从而改变原点位置。

（2）旋转坐标系：用鼠标单击旋转手柄上的圆球后，通过拖动旋转坐标系，或者在【角度】文本框中输入旋转角度以旋转坐标系。为了方便调整旋转角度，可以在【对齐】文本框中设置增量单位，如45，则旋转时每隔45个角度单位，系统自动捕捉一次，以提高手动旋转的定位精度。

六、NX基准特征

在使用NX软件进行建模操作时，经常通过创建基准点、基准轴、基准平面等基准特征辅助建模设计过程。如图2-14、图2-15所示，这些基准特征的命令位于【菜单】|【插入】|【基准】的下拉菜单中，以及功能区【主页】选项卡的【构造】组中，单击相应的命令，可进行基准特征的创建。

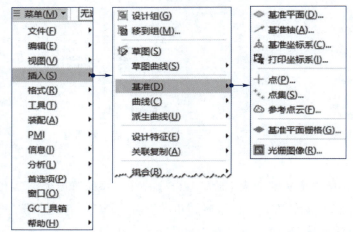

图2-14　菜单中的基准特征　　　　　图2-15　功能区中的基准特征

1. 基准点

按照图2-14、图2-15所示路径，单击【点】命令，系统弹出如图2-11所示的【点】对话框，具体创建方法不再赘述。

2. 基准轴

使用【基准轴】命令可定义线性参考对象，有助于创建其他对象，如基准平面、旋转特征、拉伸特征及圆形阵列。

按照图2-14、图2-15所示路径，单击【基准轴】命令，系统弹出如图2-16所示的【基准轴】对话框，在类型下拉列表中选择创建基准轴的方法后，进行基准轴的创建。在【轴方位】组中，单击【反向】按钮，可改变基准轴的方向。在图形窗口可预览所创建的基准轴，预览无误后，单击【确定】按钮。

3. 基准平面

使用【基准平面】命令可创建平面参考特征，以辅助定义其他特征，如与目标实体的面成角度的扫掠体及特征。

按照图2-14、图2-15所示路径，单击【基准平面】命令，系统弹出如图2-17所示的【基准平面】对话框，在类型下拉列表中选择创建基准平面的方法后，进行基准平面的创建。单击【平面方位】组中的【反向】按钮，可改变基准平面的法向方向。勾选【偏置】组中的【偏置】选项后，可在【距离】文本框中输入偏置距离。

图2-16 【基准轴】对话框   图2-17 【基准平面】对话框

4. 基准坐标系

使用【基准坐标系】命令可快速创建包含一组参考对象的坐标系，这些参考对象包括坐标系、原点、基准平面和基准轴，可以使用这些参考对象来关联地定义其他特征的位置和方向，例如草图与特征的放置面、约束及位置，特征的矢量方向，模型空间中的关键产品位置，并通过平移及旋转参数来控制它们。

按照图2-14、图2-15所示路径，单击【基准坐标系】命令，系统弹出如图2-18所示的【基准坐标系】对话框，在类型下拉列表中选择创建基准坐标系的方式后，进行基准坐标系的定义和创建。

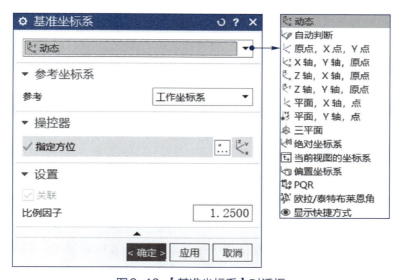

图2-18 【基准坐标系】对话框

七、NX视图操作

微视频
NX视图操作

在NX软件中，不同的视图用于显示在不同方位上的图像，并且视图的观察方向只和绝对坐标系有关，与工作坐标系无关。

1. 调整视图

调整视图的命令包括【适合窗口】、【缩放】、【平移】、【旋转】等，位于功能区【视图】选项卡以及【菜单】|【视图】|【操作】的下拉菜单中，如图2-19、图2-20所示，单击相应的命令，可进行调整视图操作。

图2-19　功能区【视图】选项卡

（1）【适合窗口】命令用于自动调整图形区域模型的大小，使模型尽可能大地全部显示在视图中心。使用时，单击【适合窗口】命令即可，无后续操作。

（2）【缩放】命令用于调整模型大小。使用时，单击【缩放】命令后，用鼠标光标在图形区域选择矩形区域，则矩形区域内的图形将放大至整个图形窗口，可用于观察模型局部的细节特征。

（3）【平移】命令用于平移视图中的模型，而不进行放大和缩小。单击【平移】命令后，按住鼠标左键并进行拖动，则模型在视图中沿鼠标光标拖动方向平移。

（4）【旋转】命令用于旋转模型，实现从不同的方向观察模型。单击【旋转】命令后，按住鼠标左键并进行拖动，则模型在视图中以自身的几何中心为旋转中心，随鼠标光标而转动。

2. 定向视图

通过【定向视图】命令可实现八种定向视图之间的快速切换，以便于观察视图中模型的状态。这八种定向视图分别是正三轴测图、正等测图、俯视图、前视图、右视图、后视图、仰视图和左视图。

在图形区域单击鼠标右键，系统弹出如图2-21所示的快捷菜单，选择相应的定向视图命令后，图形区域的模型将自动调整至指定视图。

3. 鼠标控制视图

除了使用视图操作命令控制视图之外，还可以通过鼠标控制视图。

（1）视图放大/缩小：滚动鼠标滚轮，视图中的模型将以鼠标光标所在位置为缩放中心进行放大或缩小，滚轮向下滚动时模型缩小，滚轮向上滚动时模型放大。

（2）视图平移：同时按住鼠标滚轮（中键）和右键，并拖动鼠标，则模型在视图中沿鼠标光标拖动方向平移。

（3）视图旋转：按住鼠标滚轮（中键），并拖动鼠标，则模型随鼠标光标而转动。

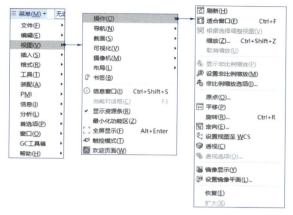

图2-20 【菜单】|【视图】|【操作】下拉菜单

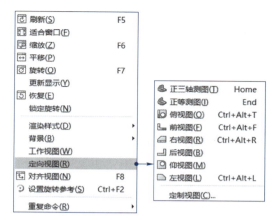

图2-21 右键快捷菜单中的【定向视图】

建议读者在使用NX软件进行产线设计时，使用鼠标控制视图，以提高操作效率。

八、NX图层管理

在使用NX软件建模的过程中，会产生不同类别的对象，如草图、曲线、片体、参考对象、工程对象和实体等，为了方便且有效地管理这些对象，图层提供一种更为永久的方式来对文件中对象的可见性和可选择性进行组织和管理，即图层管理命令。图层管理命令位于【菜单】|【格式】的下拉菜单中，以及功能区【视图】选项卡的【层】组中。

1. 图层术语

（1）工作图层。设计部件时可以使用多个图层，但是一次只能在一个图层上工作，该图层称为工作图层。工作图层总是只有一个，所创建的每个对象都位于该图层上，使用时可将任意图层设为工作图层。

（2）图层类别。图层类别是命名的图层组，可用于一次管理多个图层的可见性和可选择性。

（3）图层可选择性。任意图层可被设为可选或不可选。将图层设为可选时，该图层上的所有可见对象都将显示，且可选定用于任何后续操作。工作图层始终是可见且可选的。

（4）图层可见性。将图层设为不可见时，不显示图层中的对象，并且不可见图层上的对象在图形窗口中不可选，只能通过更改图层状态来使图层可见。将图层设为仅可见时，所有对象将被显示，但不可选。如果希望选择该图层上的任意对象，必须首先将图层设置为可选。

2. 图层类别

每个 NX 文件中有256个图层，可通过【图层类别】命令来创建和修改图层，对一个或一组图层进行命名分类，以实现对图层的高效管理。通常根据对象类型来设置图层和图层类别，可参考表2-3进行图层分类。

表 2-3　图层分类表

图层号	对象类型	图层号	对象类型
1~20	实体（Solid Geometry）	61~80	参考对象（Reference Geometry）
21~40	草图（Sketch Geometry）	81~100	片体（Sheet Bodies）
41~60	曲线（Curve Geometry）	101~120	工程对象（Drafting Objects）

（1）新建图层类别。单击【菜单】|【格式】|【图层类别】命令，或者单击功能区【视图】选项卡【层】组中【更多】命令组下【层】库中的【图层类别】命令，系统弹出如图2-22所示的【图层类别】对话框。在【类别】文本框中输入图层类别的名称，如Sketch Geometry，在【描述】文本框中输入对该图层类别的简要描述后，单击【创建/编辑】按钮，在弹出的【图层类别】对话框中，选择需要的图层，即该图层类别将对应哪些图层，单击【添加】按钮后，单击【确定】按钮。

（2）修改图层类别。在【图层类别】对话框的【过滤】列表中选择要修改的图层类，单击【创建/编辑】按钮，在弹出的【图层类别】对话框中进行编辑和修改。

3. 图层设置

单击【菜单】|【格式】|【图层设置】命令，或者单击功能区【视图】选项卡【层】组中的【图层设置】命令，系统弹出如图2-23所示的【图层设置】对话框，利用该对话框可将对象放置在NX文件的不同图层上，可以设置任意一个图层为工作图层，设置图层的可选择性和可见性，查询图层的信息，编辑图层类别等。

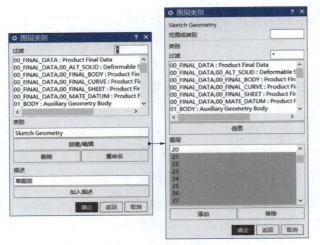

图2-22　【图层类别】对话框

图2-23　【图层设置】对话框

（1）在【工作层】文本框中输入图层号，如22，则将图层22设置为当前图层。

（2）在【按范围/类别选择图层】文本框中输入图层范围，如21-40，则系统自动在【类别过滤器】下方的列表中选择此范围内的所有图层，或者在【按范围/类别选择图层】文本框中输入图层类别的名称，如Sketch Geometry，则系统自动选择该图层类别中的所有图层，从而实现在【图层控制】组中对这些选择的图层进行批量统一设置，提高图层管理效率。

（3）在【类别过滤器】右侧文本框中输入图层名称，则系统在下方的列表中列出符合条件的图层，用户可以进行图层选择。

（4）选择了图层后，单击【设为可选】按钮，则该图层属性被设置为可选择，使得用户可选择该图层上的所有对象。

（5）选择了图层后，单击【设为工作层】按钮，则选定图层或选定图层类别中的第一个图层被设置为工作图层。

（6）选择了图层后，单击【设为仅可见】按钮，则该图层属性被设置为仅可见，即图层中的对象可见但不能被选中。

（7）选择了图层后，单击【设为不可见】按钮，则选定图层或选定图层类别不可见且不可选。

（8）选择图层后，单击【信息】按钮，则系统弹出【信息】对话框，显示图层的图层状态、对象数和类别名称等信息。

4. 移动至图层

通过【移动至图层】命令，可将对象从原图层移动至目标图层。

单击【菜单】|【格式】|【移动至图层】命令，或者单击功能区【视图】选项卡【层】组中的【移动至图层】命令，系统弹出【类选择】对话框，选择要进行图层移动操作的对象后，单击【确定】按钮，系统弹出如图2-24所示的【图层移动】对话框，进行目标图层的选择后，单击【确定】按钮。

使用时注意：【移动至图层】命令仅适用于显示部件。如果工作部件不是显示部件，则工作部件中的对象图层不会更改。

5. 复制至图层

单击【菜单】|【格式】|【复制至图层】命令，或者单击功能区【视图】选项卡【层】组中的【复制至图层】命令，系统弹出【类选择】对话框，选择要进行操作的对象后，单击【确定】按钮，系统弹出如图2-25所示的【图层复制】对话框，进行目标图层的选择后，单击【确定】按钮。

图2-24 【图层移动】对话框

图2-25 【图层复制】对话框

使用时注意：应保证复制对象的图层可见并可选。组件、基准轴和基准平面类型的对象不能在图层之间复制，只能移动。

📖 任务实施

1. 新建文件并进行首选项设置

（1）新建文件。启动 NX 软件后，单击【文件】|【新建】命令，在弹出的【新建】对话框中，选择【模型】选项卡，再选择【建模】类型模板，在【名称】文本框中输入文件名为"零件 .prt"，设置文件保存路径为"D:\model\"，单击【确定】按钮。采用相似的方法，新建一个【装配】类型的文件模板，为文件命名为"装配体 .prt"，设置文件保存路径为"D:\model\"，单击【确定】按钮。

（2）首选项设置。将选项卡切换至"零件 .prt"，单击【菜单】|【首选项】|【对象】命令，在弹出的【对象首选项】对话框的【常规】选项卡中，选择【实体】类型，修改颜色为灰色，在【宽度】下拉列表中选择线宽为 0.5mm，拖动【透明度】滑块至 50，单击【确定】按钮。

2. 视图操作及图层管理

（1）视图操作。单击【文件】|【打开】命令，在弹出的【打开】对话框中选择要打开的文件后，单击【确定】按钮。通过功能区【视图】选项卡中的【适合窗口】、【缩放】、【平移】、【旋转】等命令对打开的模型文件进行视图操作，或者直接通过鼠标进行视图操作。

（2）图层管理。单击【菜单】|【格式】|【图层类别】命令，在弹出的【图层类别】对话框中输入图层类别名称为"实体"，单击【创建/编辑】按钮，在弹出的【图层类别】对话框中选择图层 1~20，单击【添加】按钮后，单击【确定】按钮。采用相似的方法创建"草图"图层类别，对应图层 21~40；创建"参考对象"图层类别，对应 61~80 层图层。

单击【菜单】|【格式】|【图层设置】命令，将图层 1 设置为工作层，图层 21、图层 61设置为不可见。将模型中的实体移动至图层 1，草图移动至图层 21，坐标系、基准特征等移动至图层 61。

✏️ 任务评价

按照表 2-4 的要求完成本任务评价。

表 2-4　认识 NX 软件的基本操作任务评价表

任务	训练内容	分值	训练要求	学生自评	教师评分
认识 NX 软件的基本操作	新建文件并进行首选项设置	30 分	（1）能正确新建不同类型的文件； （2）能正确进行首选项设置		

任务	训练内容	分值	训练要求	学生自评	教师评分
认识NX软件的基本操作	视图操作及图层管理	40分	（1）能正确使用视图操作相关命令和鼠标进行视图操作； （2）能正确进行图层类别设置、图层设置，并能正确移动对象至目标图层等		
	职业素养与创新思维	30分	（1）积极思考，举一反三； （2）善用工具，善于总结，分组汇报； （3）遵守纪律，遵守实验室管理制度		
			学生：　　　　　　教师：　　　　　　日期：		

项目小结

通过本项目的学习，读者可了解产线设计与仿真的主要内容，了解NX软件的基本操作内容，这些基本操作是读者使用NX软件进行建模、装配设计的基础。请读者进行本项目各任务的操作并完成思考与练习，进一步熟悉和巩固NX软件的基本操作。

思考与练习

（1）一名机械设计工程师将如何开展产线的设计与验证？

（2）通过【首选项】命令和【用户默认设置】命令进行NX软件参数设置有什么区别？

（3）试说明NX软件图层管理功能的意义。

（4）假定现进行一条复杂产线的建模设计，该产线有不同种类的工作站，每个工作站有不同类型的零件，思考：所建立的模型应该如何管理？

（5）分别新建一个建模类型的文件、一个装配类型的文件和一个图纸类型的文件，分别打开这些文件时，观察软件功能区的命令有什么区别。

（6）新建一个建模类型文件，在文件中分别创建基准点、基准平面和基准坐标系，并创建图层类别，将这些创建的基准特征移动至不可见图层。

项目三
原料库货架建模设计与装配仿真

👉 项目引入

微视频
项目三项目引入

分类整理便于以最快的速度获取想要的信息。若物品和信息按照一个明确的类别存储，使用时只需要按图索骥，就可以快速提取，提高效率。原料库货架用于原材料的存放，在进行设计时，应符合结构简单、存取方便和分类存放的原则。

📋 项目描述

原料库如图3-1所示，其主要功能是存储原材料及其他辅料、为产线上料。原料库主要由货架、上下料机械手、运动轨道、控制柜和原料库线体组成。加热杯垫原材料体积小、质量轻，可采用多层货架存储原材料，采用关节式装配机器人进行原材料的抓取和释放，为产线上料。本项目要求采用草图建模方法对原料库货架中的非标准件进行建模设计，基于标准件库合理选用标准件并完成原料货架的装配仿真。

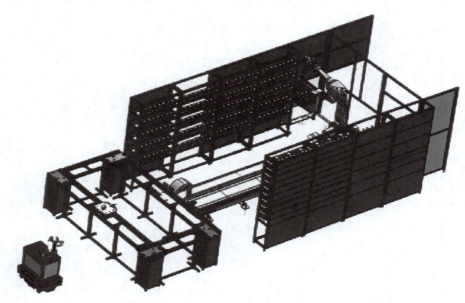

图3-1 原料库

🔗 项目目标

➢ 知识目标：掌握草图绘制方法，掌握草图建模方法，掌握装配建模方法。

➢ 能力目标：能综合运用基于草图的建模方法对原料库货架非标零件进行建模，能根据组件特征分析创建货架装配体并合理选用标准件。

➢ 素质目标：形成分类整理、合理规划的生活习惯和工作态度。

项目分析

　　本项目内容主要包括原料库货架的零部件三维建模与装配仿真两部分。对于三维建模常用的方法有草图建模和实体建模两种，本项目主要学习草图建模方法。原料库货架零部件的安装需要用到大量的螺钉、螺栓、螺母、销等标准件，因此，本项目需要学习标准件的选型与处理以及装配建模时的阵列组件和镜像装配。

　　本项目分为四个任务：任务一　货架组件及结构分析，任务二　货架层板建模设计，任务三　标准件选型与模型处理，任务四　原料库货架装配仿真。

任务一
货架组件及结构分析

任务描述

　　货架如图3-2所示，对其组件及结构进行分析，明确货架组件的种类与数量，明确各组件的结构特点，为货架各组件的建模设计和装配打下基础。

任务分析

　　货架的主要功能是存放各种原材料、成品或半成品。根据物品的高度或大小利用层板设置不同的分层，为了防止物品掉落通常会设置背板。层板、背板需要安装在支撑架上。

图3-2　货架

知识链接

货架简介

　　从中国古代药铺里的药柜，到现代商场店铺里所用的各种货架，再到大型立体仓库里用钢筋或更为先进的材质所制成的货架，都是人们耳熟能详的。货架是现代化仓库提高货物管理效率的重要工具。层架、层格式货架、抽屉式货架和橱柜式货架等是常见的传统货架。随着科技的发展，出现了一些新型货架，例如旋转式货架、移动式货架和装配式货架等。

　　现代物流的发展是立体仓库出现与发展的前提，是与工业、科技发展相适应的。现代化大生产越来越促使工业生产社会化、专业化、集中化。生产的高度机械化、自动化必然要求物资的供应分发及时、迅速、准确，这就促使立体仓库技术得到迅速的发展。

任务实施

1. 货架组件分析

对货架的组件种类及数量进行分析，形成货架组件列表，如表3-1所示。

表 3-1　货架组件列表

序号	组件名称	组件数量	序号	组件名称	组件数量
1	支架	1	5	背板	2
2	支脚	4	6	撑角	96
3	层板	10	7	内六角螺栓 M6	16
4	限位销	60	8	埋头螺钉 M6	50

2. 货架组件结构分析

（1）支架结构分析。支架为型材，其主要作用是连接层板。

（2）支脚结构分析。支脚的主结构为圆柱结构，上部的螺纹直接与支架相连。同时，为了防止松动，加装2个螺母。支脚的主要作用是支撑和垫高货架。

（3）撑角结构分析。撑角的主结构为L形，两支脚均包含1个挂钩、2个方形斜面孔和2个矩形槽，如图3-3所示。撑角的主要作用是加固支架的连接。

（4）背板结构分析。背板的主结构为长方体结构，其上均匀、对称地分布着8个简单圆柱孔，如图3-4所示。背板的主要作用是防止原料、成品或半成品等向后侧掉落。

（5）层板结构分析。层板的主结构为T字形，其上均匀、对称地分布着5个埋头孔和6个简单圆柱孔，如图3-5所示。层板的主要作用是存放原料、成品或半成品等。

（6）限位销结构分析。限位销的主体为圆柱结构，上方圆柱为 $\phi 8\ \text{mm} \times 10\ \text{mm}$，顶部有 $2 \times 30°$ 倒角；下方圆柱为 $\phi 6\ \text{mm} \times 7\ \text{mm}$，底部为C0.5的倒角。

（7）内六角螺栓和埋头螺钉均为标准件，可从标准库直接调用。

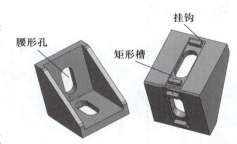

图3-3　撑角

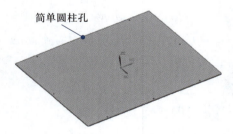

图3-4　背板

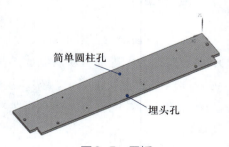

图3-5　层板

✎ 任务评价

按照表3-2的要求完成本任务评价。

表3-2　货架组件及结构分析任务评价表

任务	训练内容	分值	训练要求	学生自评	教师评分
货架组件及结构分析	货架组件分析	30分	明确货架组件种类与数量并汇总成表格		
	货架组件结构分析	40分	逐一分析货架各组件的结构		
	职业素养与团队合作	30分	（1）分析思路清晰，分析记录完备；（2）团队分工明确；（3）遵守纪律，遵守实验室管理制度		
			学生：　　　　　教师：　　　　　日期：		

任务二
货架层板建模设计

▭ 任务描述

本任务要求在NX软件建模功能环境下，使用草图建模的方法，创建货架层板零件实体模型。层板零件图如图3-6所示。

🔍 任务分析

层板零件的主结构是T字形，其上均匀、对称地分布着5个埋头孔和6个简单圆柱孔，该零件可通过绘制草图辅助建模的方法创建。结合任务要求，该零件建模思路如图3-7所示。

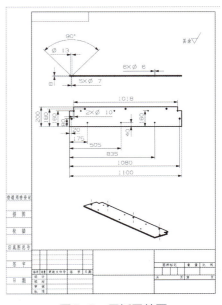

图3-6　层板零件图

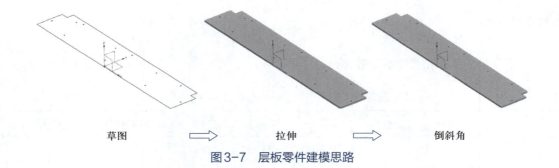

草图 ⟹ 拉伸 ⟹ 倒斜角

图3-7 层板零件建模思路

🔗 知识链接

草图是位于一个指定平面上被命名的二维曲线的集合。由草图创建的特征与草图相关联，如果草图发生改变，特征也将随之发生改变。通过几何和尺寸约束的形式来驱动草图或建立草图设计准则，这种约束称为"草图约束"。使用草图约束的方式来创建草图，既可使草图编辑更容易，又能够根据预测实现草图更新。"草图"模块具有约束自我评估功能，也就是说系统可以根据草图的约束情况自动判断约束是否完整、是否有冲突。在没有特殊要求的情况下，建议绘制特征轮廓的草图时采用完全约束。

微视频
草图基本操作

一、草图的用途

草图能够满足各种设计需求，如：作为扫描、拉伸或旋转等特征的定义线，如图3-8所示；使用草图进行需要使用大量平面曲线的概念设计等。

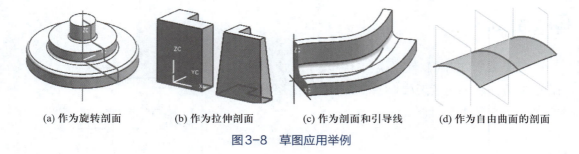

(a) 作为旋转剖面　　(b) 作为拉伸剖面　　(c) 作为剖面和引导线　　(d) 作为自由曲面的剖面

图3-8 草图应用举例

二、草图的类型和应用草图的工作流程

1. 草图的类型

草图包括以下两种类型。

（1）基于平面的草图：在指定的平面或基准平面上创建草图。选择的关键考虑点是：
① 草图如果是定义部件的基本特征，则在适当的基准平面或基准坐标系中创建草图。

② 草图如果是被添加到现有基本特征上，则选择一个现有基准平面或部件面，或创建一个新的与现有基准平面或部件几何体有适当关系的基准平面。

（2）基于路径的草图：通过在路径上指定点，在与路径关联的平面上创建草图。

2. 应用草图的工作流程

在通常情况下，应用草图进行设计的工作流程如图3-9所示。

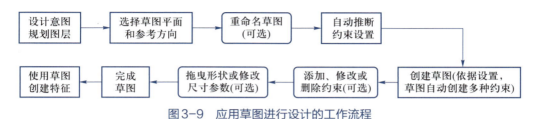

图3-9　应用草图进行设计的工作流程

三、常用的草图曲线

1. 轮廓

（1）功能。轮廓以连续的方式绘制由直线和圆弧组成的曲线串，其工具选项如图3-10所示。轮廓的默认方式为直线，可以通过选择轮廓选项中的按钮来切换作图方式，也可以通过鼠标左键"按住→拖动→释放"的操作方式来进行。在轮廓绘制过程中单击鼠标右键可以中断绘制。

当在连续绘制模式下切换到圆弧作图方式时，可以通过象限符⊗确定圆弧产生的方向。如图3-11所示，在曲线产生方向上的两个象限❶❷表示相切区域，象限❸❹表示垂直区域。如果圆弧的方向错误，需要预选直线或圆弧的端点，然后从正确的象限移出光标。

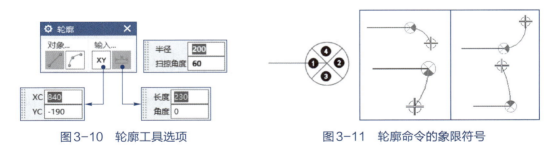

图3-10　轮廓工具选项　　　　　　图3-11　轮廓命令的象限符号

（2）命令路径。在NX软件草图功能环境下，有以下两种方法打开【轮廓】命令对话框。

① 单击【主页】选项卡【曲线】组中的【轮廓】命令按钮↳。

② 单击【菜单】|【插入】|【曲线】|【轮廓】命令。

2. 其他草图曲线简介

除轮廓外，其他常用草图曲线及其功能说明见表3-3。

表 3-3　其他常用草图曲线及其功能说明

草图曲线	功能说明
直线	单一绘制直线方式，与轮廓中的直线功能类似
圆	单一绘制圆方式，包括"圆心与直径" 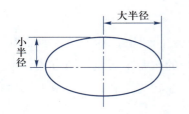 和"三点" 两种方法
圆弧	单一绘制圆弧方式，包括"三点"和"圆心、端点"两种方法。当指定"三点"圆弧的第三点时，如果移动光标通过起点或终点的圆形标记，则可以改变第三个点的类型
矩形	可以使用三种方法绘制矩形，分别是"按2对角点"、"按3点"和"按中心点"，其中采用第一种方式绘制的矩形与XC和YC草图轴平行，采用另外两种方式绘制的矩形可以成任意角度
样条	使用点或极点动态创建样条曲线
椭圆	椭圆参数如图3-12所示，可以通过单击【菜单】|【编辑】|【曲线】|【参数】命令，对选中的椭圆进行参数编辑。【椭圆】对话框如图3-13所示

图3-12　椭圆参数

四、编辑草图曲线

1. 功能

通过【修剪】、【延伸】、【拐角】等命令对草图曲线进行操作以获得新曲线。其中，【修剪】命令可将选中的曲线自动修剪至最近的交点或选中的边界。【延伸】命令可将选中的曲线延伸至最近的另一条能够实际相交的曲线上或选中边界的虚拟交点。【拐角】命令可在两条曲线之间构造相互修剪或者延伸的拐角，使两条曲线端点重合。

2. 运算逻辑

用边界曲线对曲线进行编辑，操作结果如图3-14所示。单击鼠标左键可以完成单一曲线的编辑；按住鼠标左键不放，使用画笔工具移过每条曲线时，可以编辑多条曲线。

3. 命令路径

（1）在NX软件草图功能环境下，单击【主页】选项卡

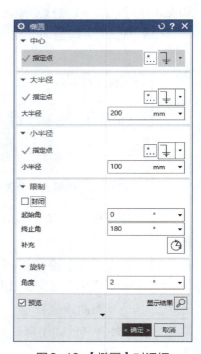

图3-13　【椭圆】对话框

【编辑】组中的【修剪】命令按钮✕，进入【修剪】对话框。同理，若要进入【延伸】、【拐角】对话框，则对应地单击【基本】组中的【延伸】命令按钮╱、【拐角】命令按钮✕。

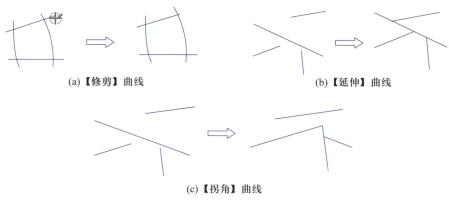

(a)【修剪】曲线　　　　　　　　　(b)【延伸】曲线

(c)【拐角】曲线

图3-14　编辑曲线操作结果

（2）单击【菜单】|【编辑】|【曲线】|【修剪】命令，进入【修剪】对话框。同理，在【曲线】下拉菜单中单击【延伸】、【拐角】命令，则进入相应的对话框。

4. 对话框设置

【修剪】、【延伸】、【拐角】对话框的设置过程相似，如图3-15所示，依次选择相应的曲线，设置是否修剪或延伸至延伸线，单击【关闭】按钮。

(a)【修剪】对话框　　　　　(b)【延伸】对话框　　　　　(c)【拐角】对话框

图3-15　【修剪】、【延伸】、【拐角】对话框

五、阵列曲线

1. 功能

【阵列】命令常用于草图绘制过程中对与草图平面平行的边、曲线和点进行阵列。

2. 命令路径

在NX软件草图功能环境下，单击【主页】选项卡【曲线】组中的【阵

微视频
阵列曲线

列】命令按钮 ，或单击【菜单】|【插入】|【来自曲线集的曲线】|【阵列曲线】命令，则进入【阵列曲线】对话框。

3. 对话框设置

【阵列曲线】对话框如图3-16所示。该对话框中提供了两种创建阵列曲线的布局方式，包括线性阵列和圆形阵列。

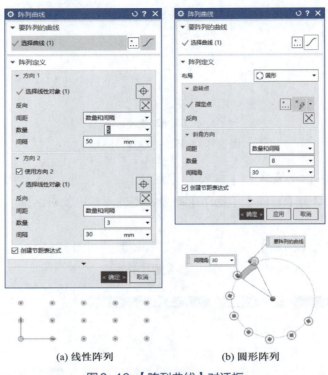

(a) 线性阵列　　　　　　(b) 圆形阵列

图3-16 【阵列曲线】对话框

（1）采用线性阵列方式创建阵列曲线的步骤：选定曲线；设置方向1的阵列数量；设置间隔（两个阵列对象的距离）；设置跨距（总偏置距离）；设置方向2的阵列数量。

（2）采用圆形阵列方式创建阵列曲线的步骤：选定曲线；设置间隔角（两个对象间的角度）；设置跨角（阵列的总角度）。

六、对称草图

1. 功能

对称草图常用于草图绘制过程中将草图中的点或线设置为对称。

2. 命令路径

（1）在NX软件草图功能环境下，单击【主页】选项卡【曲线】组中的【镜像】命令按钮 或单击【菜单】|【插入】|【来自曲线集的曲线】|【镜像曲线】命令，则进入【镜像曲线】对话框。

微视频
对称草图

（2）在 NX 软件草图功能环境下，单击草图约束工具条中的【设为对称】命令按钮🖯或单击【菜单】|【编辑】|【曲线】|【设为对称】命令，则进入【设为对称】对话框。

3. 对话框设置

通过以上任意一种方法进入【镜像曲线】或【设为对称】对话框，如图 3-17 所示。

【镜像曲线】对话框中【选择曲线】是指将需要镜像的曲线选中，【中心线】是指镜像的对称中心线。【设为对称】对话框中【选择运动曲线或点】和【选择静止曲线或点】是指两个需要被设为对称的线串，【选择对称直线】是指上述两条线串的对称中心线。

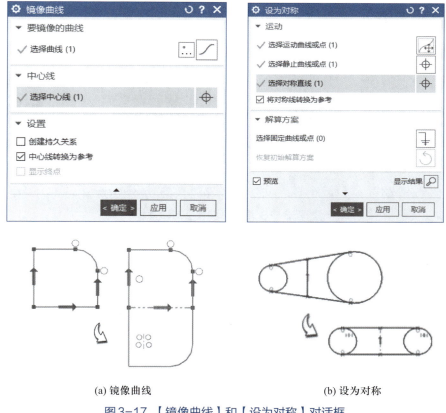

(a) 镜像曲线　　　　　　　　　　　　(b) 设为对称

图 3-17　【镜像曲线】和【设为对称】对话框

七、投影曲线

1. 功能

【投影曲线】命令可以将曲线或点沿草图平面的法向投影到草图中。【投影曲线】有关联和非关联两种方式。当使用关联方式时，投影的线串是固定的，此时对于投影曲线的编辑操作将会删除这种关联性。

微视频
投影曲线

2. 命令路径

在 NX 软件草图功能环境下，单击【主页】选项卡【包含】组中【更多】命令组下的

【投影曲线】命令按钮📎或单击【菜单】|【插入】|【配方曲线】|【投影曲线】命令，则进入【投影曲线】对话框。

3. 对话框设置

通过以上任意一种方法进入【投影曲线】对话框，如图3-18所示。

【投影曲线】对话框中【要投影的对象】是指需要投影到基准面的线串。【设置】中的【关联】选项选中就表示需要投影的线串在投影后被删除，不选中表示需要投影的线串在投影后不删除。

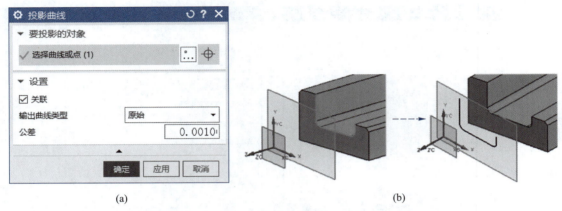

(a)   (b)

图3-18　【投影曲线】对话框

八、草图约束

1. 草图点与自由度

草图求解器的解析点称为草图点（Sketch Point），不同的草图曲线具有不同类型的草图点。通过控制草图点的位置可以控制草图曲线。草图约束实际上就是将草图点进行定位的过程。

当激活草图约束（几何或尺寸约束）命令之后，在未约束或未完全约束的草图曲线的草图点上显示黄色箭头，称为草图自由度（DOF）。自由度箭头意味着该点可以沿该方向移动，如图3-19所示，添加约束将消除自由度。

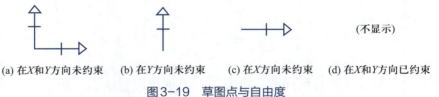

(a) 在X和Y方向未约束　　(b) 在Y方向未约束　　(c) 在X方向未约束　　(d) 在X和Y方向已约束

图3-19　草图点与自由度

注意：当创建草图过程中激活了自动添加约束功能时，将不显示自由度箭头。

2. 草图的颜色

为了能够更好地检查和管理草图的约束状态，系统为不同类型的草图对象以及在不同的约束状态时的显示设置了不同的颜色。单击【菜单】|【首选项】|【草图】命令，查看草

项目三　原料库货架建模设计与装配仿真

图首选项对话框中的【颜色】选项卡，了解草图颜色的设置。

3. 草图的约束状态

当选择尺寸或几何约束命令时，NX软件的状态栏列出激活草图的约束状态。草图可能的约束状态有完全约束、欠约束、过约束和冲突约束。

（1）完全约束草图：草图点上无自由度箭头或草图被自动尺寸约束。

（2）欠约束草图：草图中尚有自由度箭头存在或存在自动约束尺寸，状态栏提示"草图需要N个约束"或"草图由N个自动标注尺寸完全约束"。

（3）过约束草图：草图中添加了多余的约束，过约束的草图曲线和约束显示为橙色。

（4）冲突约束草图：尺寸约束和几何体发生冲突，冲突约束的草图曲线和尺寸显示为粉红色。发生冲突约束的原因可能是当前添加的尺寸导致草图无法更新或无解。

4. 草图的几何约束符号显示与删除

（1）当为草图添加几何约束以后，会在图形窗口中显示几何约束符号。在默认状态下，草图只显示常见的几何约束符号。通过以下功能按钮可以控制约束符号的显示。

①【显示所有约束】按钮 ：用于显示草图中所有的几何约束符号。

②【显示/移除约束】按钮 ：以列表方式显示/移除草图中的几何约束，如图3-20所示。

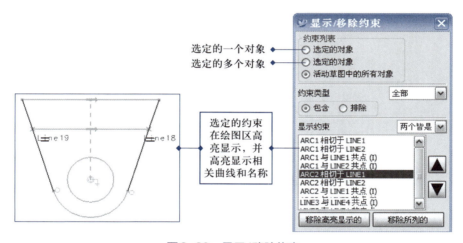

图3-20　显示/移除约束

（2）可以使用【删除】命令直接删除选中的草图约束；或者在选中的约束符号上单击鼠标中键，在弹出的菜单中选择【删除】选项。

5. 转化为参考对象

当草图曲线或尺寸只作为参考对象而存在时，可以使用【草图约束】工具条中的【参考转化】功能 。参考曲线一般用于辅助约束草图，不能作为特征定义线；参考尺寸对于草图没有约束作用，一般用于反映草图尺寸的变化。【参考转化】是一种可逆操作，也可以将参考对象转化为激活对象。

6. 草图的辐射菜单

在选中（预选）的草图曲线或尺寸上长按鼠标中键，可以打开辐射菜单，用于执行多种快捷操作，如图3-21所示。

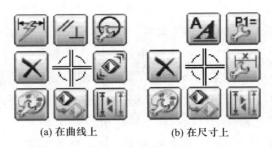

(a) 在曲线上   (b) 在尺寸上

图3-21　辐射菜单

7. 添加草图约束

通过为草图曲线添加几何和尺寸约束可实现草图参数化设计，以满足设计意图。

（1）几何约束。几何约束用于指定草图曲线之间必须维持的几何关系。选中需要约束的曲线后，系统仅列出可能添加到当前选中曲线的约束，已有的约束将会显示为灰色，如图3-22所示。也可以在选择的曲线上单击鼠标中键，在弹出的快捷菜单中选择几何约束类型。

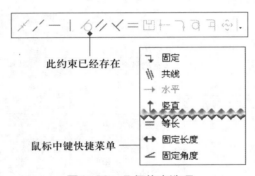

图3-22　几何约束选项

（2）尺寸约束（Dimensional Constraints）。尺寸约束的主要类型如图3-23所示，可以为尺寸输入新的表达式名称和数值。通过双击一个尺寸可以对其进行编辑。在创建和编辑尺寸约束时，也可以单击【工具】选项卡中的按钮，启动【快速尺寸】对话框进行更多的尺寸编辑操作。

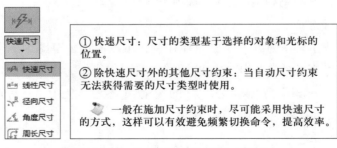

图3-23　约束工具条中的尺寸选项

九、拉伸特征

微视频
拉伸特征

1. 功能

拉伸是将一个剖面沿指定方向进行扫描而获得形体的功能。

2. 命令路径

在NX软件建模功能环境下，单击【主页】选项卡【基本】组中的【拉伸】命令按钮，或单击【菜单】|【插入】|【设计特征】|【拉伸】命令，则进入【拉伸】对话框。

3. 对话框设置

通过以上任意一种方法进入【拉伸】对话框，如图3-24所示。

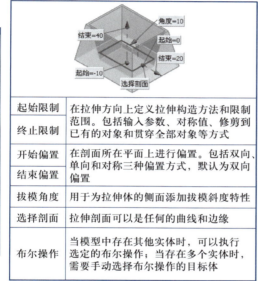

起始限制	在拉伸方向上定义拉伸构造方法和限制范围。包括输入参数、对称值、修剪到已有的对象和贯穿全部对象等方式
终止限制	
开始偏置	在剖面所在平面上进行偏置。包括双向、单向和对称三种偏置方式，默认为双向偏置
结束偏置	
拔模角度	用于为拉伸体的侧面添加拔模斜度特性
选择剖面	拉伸剖面可以是任何的曲线和边缘
布尔操作	当模型中存在其他实体时，可以执行选定的布尔操作；当存在多个实体时，需要手动选择布尔操作的目标体

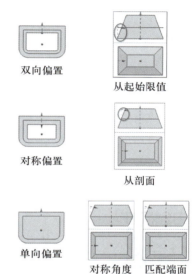

(a) 对话框   (b) 参数与动态手柄说明   (c) "偏置"选项   (d) "拔模"选项

图3-24　拉伸

十、旋转特征

微视频
旋转特征

1. 功能

旋转是指一个剖面绕一个指定的轴旋转扫描而获得形体的功能。

2. 命令路径

在NX软件建模功能环境下，单击【主页】选项卡【基本】组中的【旋转】命令按钮，或单击【菜单】|【插入】|【设计特征】|【旋转】命令，则进入【旋转】对话框。

3. 对话框设置

通过以上任意一种方法进入【旋转】对话框，如图3-25所示。

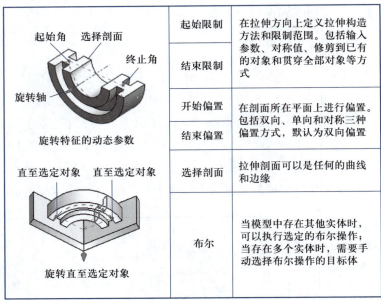

起始限制	在拉伸方向上定义拉伸构造方法和限制范围。包括输入参数、对称值、修剪到已有的对象和贯穿全部对象等方式
结束限制	
开始偏置	在剖面所在平面上进行偏置。包括双向、单向和对称三种偏置方式，默认为双向偏置
结束偏置	
选择剖面	拉伸剖面可以是任何的曲线和边缘
布尔	当模型中存在其他实体时，可以执行选定的布尔操作；当存在多个实体时，需要手动选择布尔操作的目标体

(a) 对话框   (b) 参数与动态手柄说明

图 3-25　旋转

十一、沿引导线扫掠特征

微视频

沿引导线扫掠
特征

1. 功能

沿引导线扫掠是指一个剖面沿一个指定的引导线串扫描而获得形体的功能。当引导线串和剖面线串中至少一个为平面封闭曲线时，则可以获得实体模型。

注意：一般要求引导线串应该是平面线串，如果沿三维（3D）曲线进行扫描，建议使用自由曲面的"扫掠"特征；剖面曲线通常应该位于开放式引导路径的起点或封闭式引导路径的任意曲线的端点，否则可能会得到错误的结果。

2. 命令路径

在 NX 软件建模功能环境下，单击【曲面】选项卡【基本】组中【更多】命令组下的【沿引导线扫掠】命令按钮，或单击【菜单】|【插入】|【扫掠】|【沿引导线扫掠】命令，则进入【沿引导线扫掠】对话框。

3. 对话框设置

通过以上任意一种方法进入【沿引导线扫掠】对话框，如图 3-26 所示。

	第一偏置	在剖面所在平面上进行偏置,设置偏置距离
	第二偏置	
	截面	可以选择任何的曲线和边缘
	引导	
	布尔操作	当模型中存在其他实体时,可以执行选定的布尔操作;当存在多个实体时,需要手动选择布尔操作的目标体

(a) 对话框   (b) 参数

图3-26 沿引导线扫掠

十二、自由曲面特征

1. 功能

【直纹】、【通过曲线组】、【通过曲线网格】、【扫掠】等命令可以用于创建自由曲面特征。

2. 命令路径

在NX软件建模功能环境下,单击【曲面】选项卡【基本】组中的【直纹】命令按钮、【通过曲线组】命令按钮【通过曲线网格】命令按钮或【扫掠】命令按钮,或单击【菜单】|【插入】|【网格曲面】|【直纹】、【通过曲线组】、【通过曲线网格】或【扫掠】命令,则进入相应的对话框。

3. 对话框设置

【直纹】、【通过曲线组】、【通过曲线网格】、【扫掠】对话框设置过程相似,如图3-27所示。

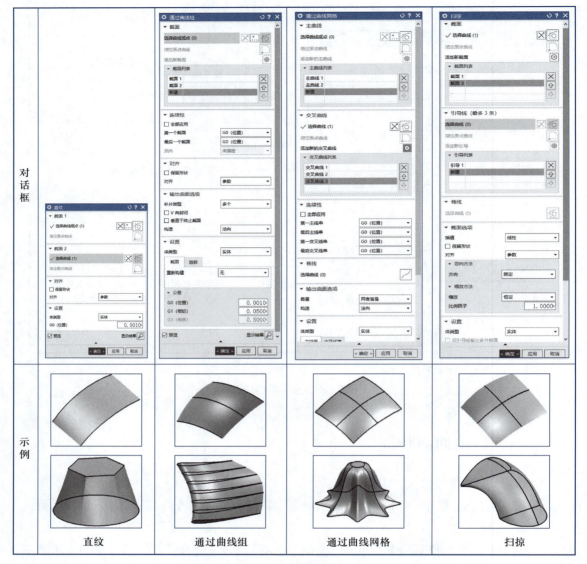

图 3-27　自由曲面特征

任务实施

（1）启动NX软件，新建一个【建模】类型的文件模板，并命名为"层板"，设置文件存放路径为"D:\model\货架\"，单击【确定】按钮后进入建模功能环境。

（2）设置图层。

（3）创建T字形草图并拉伸实体。单击【主页】选项卡【构造】组中的【草图】命令按钮 🖉，进入草图功能环境，使用【主页】选项卡【曲线】组中的【轮廓】、【圆】命令创建草图，草图轮廓及尺寸如图3-28所示。单击【完成】按钮，退出草图。在建模功能模块，单击【主页】选项卡【基本】组中的【拉伸】命令按钮，在弹出的【拉伸】对话框中，选择曲线为图3-28中所创建的草图，拉伸起始距离为0，终止距离为10，所创建的拉伸实体如图3-29所示。

（4）创建倒斜角。单击【主页】选项卡【基本】组中的【倒斜角】命令按钮，在弹出的【倒斜角】对话框中，选择图3-28中ϕ7孔的上表面边缘，横截面设置为【对称】，距离为3mm，创建如图3-30所示的倒斜角结构。

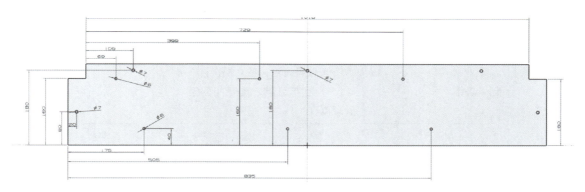

图3-28　层板草图

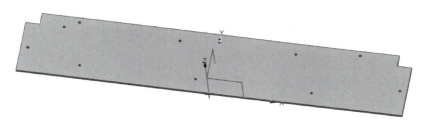

图3-29　拉伸实体

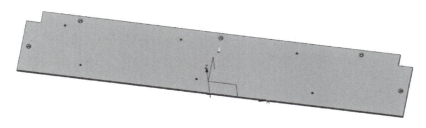

图3-30　倒斜角结构

（5）整理图层。将建模过程中创建的草图、辅助基准平面等移至不可见图层。

（6）保存模型文件。

任务评价

按照表3-4的要求完成本任务评价。

表 3-4　货架层板建模设计任务评价表

任务	训练内容	分值	训练要求	学生自评	教师评分
货架层板建模设计	货架层板建模设计	60分	（1）正确创建【建模】类型的文件模板； （2）正确使用草图建模方法进行建模； （3）正确创建图层并合理使用图层		
	职业素养与创新思维	40分	（1）积极思考、分析问题； （2）分组讨论，独立操作； （3）遵守纪律，遵守实验室管理制度		
	学生：　　　　　　教师：　　　　　　日期：				

任务三
标准件选型与模型处理

📖 任务描述

微视频
标准件选型与
模型处理

　　图3-2所示的货架结构中，包含内六角圆柱头螺钉、埋头螺钉和销等标准件。对于标准件无须建模，可以直接调用NX软件重用库所提供的标准件。本任务要在NX软件中调用M6内六角圆柱头螺钉，设计合理的参数与显示效果，并将螺钉模型另存到"D:\model\货架\"路径中。

📊 任务分析

　　NX软件提供大量的标准件库，在选用时需要根据使用情况合理选择类型并设计参数。

🔗 知识链接

一、重用库导航器

　　标准件就是根据国家标准将形式、构造、材料、尺寸、精度和画法等均予以标准化的零件。如螺栓、双头螺柱、螺钉、螺母、垫圈、键、销和轴承等，由专门厂家进行大批量生产。

在进行装配时，如果需要插入标准件，可以点开导航栏的【重用库】，直接搜索并调用相应的标准件。NX软件【重用库】导航器及其说明如图3-31所示。【重用库】导航器是一个NX资源工具，类似于【装配】导航器或【部件】导航器，以分层树结构显示可重用对象。

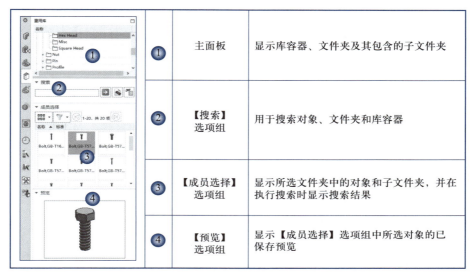

①	主面板	显示库容器、文件夹及其包含的子文件夹
②	【搜索】选项组	用于搜索对象、文件夹和库容器
③	【成员选择】选项组	显示所选文件夹中的对象和子文件夹，并在执行搜索时显示搜索结果
④	【预览】选项组	显示【成员选择】选项组中所选对象的已保存预览

图3-31 【重用库】导航器

使用【重用库】导航器可以访问的重用对象包括行业标准部件和部件族、NX机械部件族、Product Template Studio 模板部件、管线布置组件、用户定义特征、规律曲线、形状和轮廓、二维截面、制图定制符号等。用来存放上述重用对象的库就被称为库容器，以图标的方式表示，每个库容器又包含文件夹及其子文件。

注意：【重用库】导航器还支持知识型部件族和模板。将可重用对象添加到模型中时，打开的对话框取决于对象的类型。例如，如果从【重用库】导航器添加知识型部件或部件族，则打开【添加可重用组件】对话框。

二、标准件的查询与选择

1. 标准件的查询

标准件的查询可以利用【重用库】导航器的主面板点选，也可利用【重用库】导航器的【搜索】选项组，如图3-32所示。利用【搜索】选项组查询标准件时，首先在【搜索】选项组的搜索框中输入搜索参数，然后单击【搜索设置】按钮，修改搜索设置，接着单击在【在树中向上搜索】按钮即可在【成员选择】选项组中显示搜索结果，最后在【成员选择】选项组中右键单击一个文件夹，将其打开，以显示该文件夹所包含的内容。

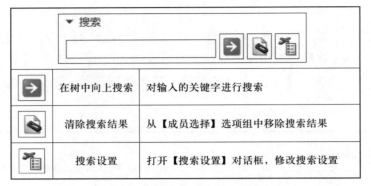

→	在树中向上搜索	对输入的关键字进行搜索
🗑	清除搜索结果	从【成员选择】选项组中移除搜索结果
✈	搜索设置	打开【搜索设置】对话框,修改搜索设置

图3-32 【搜索】选项组及其选项说明

在特定容器下搜索的步骤:在主面板中右键单击一个库容器,在弹出的菜单中选择【从此处搜索节点】;【在选定节点下搜索】对话框中,输入搜索参数;单击【在选定节点下搜索】按钮,完成搜索。

注意:在所选容器包含子容器时,【从此处搜索节点】命令可用。

2. 标准件的选择

标准件的选择是将可重用对象添加到模型。选择标准件首先需要导航至包含可重用对象的库容器,然后将可重用对象从【成员选择】面板拖到图形窗口中。也可以右击选定对象,在弹出的菜单中选择【添加到装配】(如图3-33所示)或直接双击选定对象,打开【添加可重用组件】对话框(如图3-34所示)。

注意:对于面和体,如果将对象拖到某个面或基准中,则系统会选择光标位置作为对象的锚点,并将它与高亮显示的面或基准的法矢对齐。

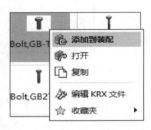

图3-33 右击添加标准件

三、标准件模型的处理

选择标准件后,如果要修改模型参数,实现标准件模型的处理,可以通过修改图3-34所示【添加可重用组件】对话框中的参数实现,也可以通过右击选定对象,选择弹出的快捷菜单中的【打开】选项(如图3-33所示),进入标准件模型文件,修改建模参数实现。

▣ 任务实施

(1)启动NX软件,新建一个【建模】类型的文件模板,并命名为"内六角螺栓M6",设置文件存放路径为"D:\model\货架\",单击【确定】按钮后进入建模功能环境。

(2)单击【重用库导航器】按钮 🗇,打开【重用库】。单击【GB Standard Parts】按钮 🗇 GB Standard Parts,在弹出的对话框中找到【Screw】类下的【Socket Head】,选择【Screw GB-T70.1-2000】并双击,系统弹出【添加可重用组件】对话框。

（3）根据使用情况，修改【添加可重用组件】对话框中的参数，如图3-35所示，单击【确定】按钮，完成M6内六角螺栓的选用与模型处理。

（4）单击【文件】|【保存】命令或单击快捷访问工具栏中的【保存】按钮，完成调用模型的保存。

图3-34 【添加可重用组件】对话框

图3-35 M6内六角螺栓参数设置

 任务评价

按照表3-5的要求完成本任务评价。

表3-5 标准件选型与模型处理任务评价表

任务	训练内容	分值	训练要求	学生自评	教师评分
标准件选型与模型处理	标准件选型及导出	60分	（1）正确调用【重用库】； （2）合理选用标准件类型； （3）正确设置标准件参数		

任务	训练内容	分值	训练要求	学生自评	教师评分
标准件选型与模型处理	职业素养与创新思维	40分	（1）积极思考，合理分类； （2）分组讨论，独立操作； （3）遵守纪律，遵守实验室管理制度		
			学生：　　　　教师：　　　　日期：		

任务四
原料库货架装配仿真

📟 任务描述

货架如图3-2所示，其组件种类及数量如表3-1所示，在NX软件装配功能环境下，一一添加各组件，并定义各组件之间的装配约束关系，完成原料库货架装配仿真。

📑 任务分析

货架装配首先要以绝对定位方式添加一个组件，然后通过装配约束的定位方式（例如接触、角度、中心等）添加其他组件。对于螺钉、销等标准件，由于数量较多，而且均匀分布，可采用阵列组件或镜像装配的方式实现。

🔗 知识链接

一、添加组件

1. 功能

【添加组件】命令的作用是在装配功能模块，将组件以绝对定位或装配约束的方式加载。其中绝对定位是以坐标系作为定位参考，一般用于第一个组件的定位；装配约束可以建立装配中各组件之间相对位置和方位的参数化关系，这种关系被称为配对条件，一般用于后续组件的定位。未被完全约束的组件还可以利用移动组件的方式调整其位置。

2. 命令路径

在NX软件装配功能环境下，单击【装配】选项卡【基本】组中的【添加组件】命令按

钮 ，或单击【菜单】|【装配】|【组件】|【添加组件】命令，则进入【添加组件】对话框。

3. 对话框设置

通过以上任意一种方法进入【添加组件】对话框，如图3-36所示。

①要放置的部件	选择部件	选择要添加的组件，选择完成后显示组件的数量
	已加载的部件	显示当前装配中已经添加的组件
	打开	搜索要添加的组件
	数量	添加组件的个数
②位置	装配位置	包括对齐、绝对坐标系-工作部件、绝对坐标系-显示部件和工作坐标系4种形式
③放置	移动	通过移动的方式定位组件
	约束	装配位置为对齐方式时，通过组件间的约束关系来定位组件
④设置	预览和预览窗口	用于预览选择部件是否正确，也可用于装配约束定位时选择约束位置

图3-36　添加组件

二、阵列组件

1. 功能

【阵列组件】命令用于在装配功能模块，将组件以线性或圆形的方式均匀分布。

2. 命令路径

在NX软件装配功能环境下，单击【装配】选项卡【组件】组中的【阵列组件】命令按钮 ，或单击【菜单】|【装配】|【组件】|【阵列组件】命令，则进入【阵列组件】对话框。

3. 对话框设置

通过以上任意一种方法进入【阵列组件】对话框，如图3-37所示。此处阵列方式与前面所述草图曲线阵列类似，只是选择对象不同。更改【阵列组件】对话框中的【布局】方式，可以选择【线性阵列】或【圆形阵列】。若【布局】方式选择【线性阵列】，则需指定阵列的方向以指定方向上的数量与间距。如果阵列是对称的，可以选中【对称】。若【布局】方式选择【圆形阵列】，则需指定阵列的圆心和阵列数量与间距或跨距。

注意：【阵列组件】操作时，需要注意间距和跨距的不同。间距是指两个组件间的距离；跨距是指第一组件与最后一个组件之间的距离。

(a) 线性阵列   (b) 圆形阵列

图3-37　【阵列组件】对话框

三、镜像装配

1. 功能

【镜像装配】命令用于在装配功能模块，将已装配的组件按照某个面做镜像对称设置。

2. 命令路径

在NX软件装配功能环境下，单击【装配】选项卡【组件】组中的【镜像装配】命令按钮，或单击【菜单】|【装配】|【组件】|【镜像装配】命令，则进入【镜像装配向导】对话框。

3. 对话框设置

通过以上任意一种方法即可进入【镜像装配向导】对话框，具体操作如图3-38所示。

(a) 浏览向导

(b) 选择要镜像的组件

(c) 单击【平面】按钮，设置镜像平面

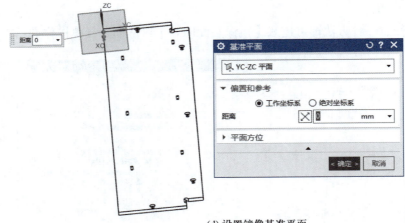

(d) 设置镜像基准平面

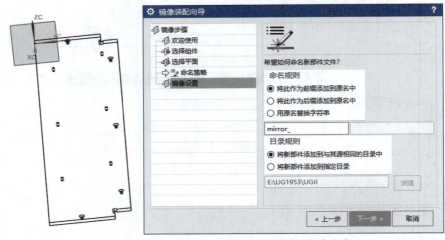

(e) 设置镜像后零件名称和保存方式

(f) 设置是否关联并完成镜像组件

图3-38　镜像组件

任务实施

1. 模型准备

按照表3-1中所列的货架组件种类进行模型准备，并将模型保存于"D:\model\货架\"路径中。

2. 装配仿真

（1）启动NX软件，新建一个【装配】类型的文件模板，并命名为"00_货架"，设置文件存放路径为"D:\model\货架\"，单击【确定】按钮。

（2）单击【装配】选项卡【基本】组中的【添加组件】命令按钮，在弹出的【添加组件】对话框中，单击【要放置的部件】选项组中的【打开】按钮，指定路径并选择【支架】组件，单击【确定】按钮，采用绝对坐标系定位、移动组件的方式添加，其他设置如图3-39所示，单击【应用】按钮完成【支架】组件的添加。

（3）继续使用图3-39所示的【添加组件】对话框，将【选择部件】更改为【层板】，采用【接触】和【对齐】的约束方式定位，设置如图3-40（a）所示。然后单击【装配】选项卡【组件】组中的【阵列组件】命令按钮，阵列【层板】组件的设置如图3-40（b）所示。

（4）继续使用【添加组件】对话框，将【选择部件】更改为【背板】，采用【接触】和【对齐】的约束方式定位，设置如图3-41（a）所示。然后单击【装配】选项卡【组件】组中的【镜像装配】命令按钮，镜像【背板】组件的设置如图3-41（b）所示。

（5）继续使用【添加组件】对话框，将【选择部件】更改为【限位销】，采用【接触】和【自动判断中心/轴】的约束方式定位，设置如图3-42（a）所示。然后单击【装配】选项卡【组件】组中的【阵列组件】命令按钮，阵列【限位销】组件的设置如图3-42（b）所示。

（6）继续使用【添加组件】对话框，将【选择部件】更改为【撑角】，采用【接触】和【中心】的约束方式定位，设置如图3-43（a）所示。然后，单击【装配】选项卡【组件】组中的【镜像装配】命令按钮，镜像【撑角】组件的设置如图3-43（b）所示。接着，单击【装配】选项卡【组件】组中的【阵列组件】按钮命令，阵列【撑角】组件的设置如图3-43（c）所示。

图3-39 装配【支架】组件

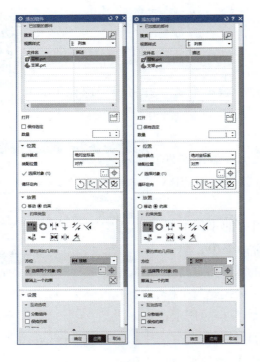

沿【支架】高度方向线性阵列，【数量】
设为10，【间隔】设为170 mm

(a) 采用接触约束的定位方式，添加【层板】组件   (b) 阵列【层板】组件

图3-40　装配【层板】组件

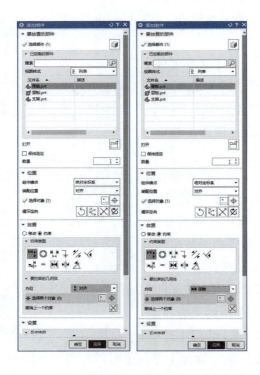

镜像基准面1：【支架】高度方向

(a) 采用接触约束的定位方式，添加【背板】组件   (b) 镜像【背板】组件

图3-41　装配【背板】组件

方向1：【层板】长度方向
方向2：【支架】高度方向

(a) 采用接触约束的定位方式，添加【限位销】组件　　(b) 阵列【限位销】组件

图3-42　装配【限位销】组件

镜像基准面1：【层板】
长度方向

镜像基准面2：【层板】
宽度方向

方向1：【支架】高度方向

(a) 采用接触约束的定位方式，添加【撑角】组件　　(b) 镜像【撑角】组件　　(c) 阵列【撑角】组件

图3-43　装配【撑角】组件

（7）继续使用【添加组件】对话框，将【选择部件】更改为【支脚】，采用【接触】和【自动判断中心/轴】的约束方式定位，设置如图3-44（a）所示。然后，单击【装配】选项卡【组件】组中的【阵列组件】命令按钮，阵列【支脚】组件的设置如图3-44（b）所示。

方向1：【层板】长度方向
方向2：【层板】宽度方向

(a) 采用接触约束的定位方式，添加【支脚】组件　　　　　(b) 阵列【支脚】组件

图3-44　装配【支脚】组件

（8）单击【重用库】导航器中的【GB Standard Parts】|【Countersunk】命令，将鼠标光标放置在【Screw，GB-T819-1-H-2000】图标上并右击，在弹出的快捷菜单中选择【添加到装配】选项，打开【添加可重用组件】对话框，然后按照图3-45（a）所示对话框完成设置，并选择【层板】上的埋头孔的圆心作为定位的选择原点，单击【确定】按钮。接着，单击【装配】选项卡【组件】组中的【镜像装配】命令按钮，镜像埋头螺钉的设置如图3-45（b）所示，单击【确定】按钮完成螺钉组件的镜像。最后，单击【装配】选项卡【组件】组中的【阵列组件】命令按钮，阵列埋头螺钉的设置如图3-45（c）所示，单击【确定】按钮，完成螺钉阵列。

(a) 调用重用库，添加埋头螺钉

镜像基准面1：【层板】长度方向
(b) 镜像埋头螺钉

方向1：【支架】高度方向
(c) 阵列埋头螺钉

图3-45 装配埋头螺钉

（9）单击【重用库】导航器|【GB Standard Parts】|【Socket Head】，右击【Screw, GB-T70.1-2000】图标，在弹出的菜单中选择【添加到装配】选项，打开【添加可重用组件】对话框，按照图3-46（a）设置对话框，选择【背板】上的圆孔的圆心作为定位的选择原点，单击【确定】按钮。然后，单击【装配】选项卡【位置】组中的【装配约束】命令按钮 ，为已添加的内六角螺栓添加面【接触】约束，如图3-46（b）所示，单击【确定】按钮。其次，单击【装配】选项卡【组件】组中的【镜像装配】命令按钮 ，镜像内六角螺栓的设置如图3-46（c）所示，单击【确定】按钮。接着，单击【装配】选项卡【组件】组中的【阵列组件】命令按钮 ，阵列内六角螺栓的设置如图3-46（d）所示，单击【确定】按钮。最后，按照图3-41（b）所示的基准面镜像内六角螺栓。

两侧螺栓阵列设置

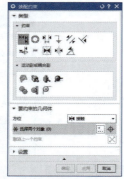

基准面：【层板】长度方向

中间螺栓阵列设置
方向1：【支架】高度方向

(a) 调用重用库，添加　　(b) 添加装配约束　　(c) 镜像内六角螺栓　　(d) 阵列内六角螺栓
内六角螺栓

图3-46　装配内六角螺栓

（10）单击【菜单】|【格式】|【移动至图层】命令，系统弹出【类选择】对话框，选中所有的基准平面，移动至图层62，单击【确定】按钮，完成基准平面的图层移动。

（11）保存模型文件。

任务评价

按照表3-6的要求完成本任务评价。

表3-6　原料库货架装配仿真任务评价表

任务	训练内容	分值	训练要求	学生自评	教师评分
原料库货架装配仿真	原料库货架装配仿真	60分	（1）正确创建【装配】类型的文件模板； （2）正确添加组件； （3）正确定义各组件之间的装配约束		

任务	训练内容	分值	训练要求	学生自评	教师评分
原料库货架装配仿真	职业素养与创新思维	40分	（1）积极思考，分析问题，举一反三； （2）分组讨论，独立操作； （3）遵守纪律，遵守实验室管理制度		
学生：　　　　　　教师：　　　　　　日期：					

项目小结

通过本项目的学习，读者可了解草图建模方法和标准件选型与处理方法。请读者进行本项目各任务的操作，为后续学习打下基础。

思考与练习

（1）进入草图功能的方法有哪些？

（2）基于草图可以实现哪些特征的建模？

（3）常见的草图类型有哪两种？

（4）如何实现草图的对称？

（5）完成背板的建模设计。

（6）完成撑角的建模设计。

（7）完善货架装配建模设计。

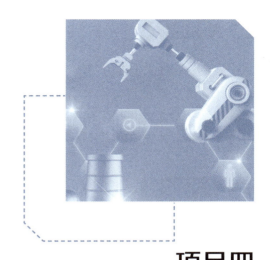

项目四

杯垫组装站换手平台建模设计与装配仿真

组成机械（或机器）的不可拆分的单个制件可分为标准件和非标准件。非标准件是指没有相关的标准规格及参数规定，由企业自由控制的其他配件。非标准件应由设计方提供零件图纸，加工方根据零件图纸加工和制造而获得。实际进行产品设计时，应对其中的标准件和非标准件进行分类设计，并对非标准件出具工程图，以供加工和制造使用。

项目描述

杯垫组装站如图4-1所示，其主要功能是通过机械手对加热杯垫进行装配加工。换手平台是杯垫组装站中的重要部件之一，承担着放置不同类型的机械手夹具，为机械手提供换手工作平台的作用。

本项目要求采用特征建模方法对换手平台中的非标准件，即换手平台上板与下板零件进行建模设计及工程图输出，并完成换手平台装配仿真。

图4-1　杯垫组装站

项目目标

> 知识目标：掌握体素特征建模方法，掌握成型特征建模方法，掌握工程图输出方法。

> 能力目标：能综合运用特征建模法对杯垫组装站换手平台中的非标准件建模，能正确使用基本视图、局部剖视图进行视图布局、中心线标注、尺寸标注与工程图输出。

> 素质目标：积极思考，举一反三，探索解决问题的多种方式，形成数字化设计思维。

项目分析

杯垫组装站换手平台如图4-2所示，对其组件及结构进行分析，明确换手平台组件的种类与数量，明确各组件的结构特点，为换手平台各组件的建模设计、工程图输出和装配仿真打下基础。

1. 换手平台组件分析

对换手平台的组件种类及数量进行分析，形成杯垫组装站换手平台组件列表，如表4-1所示。

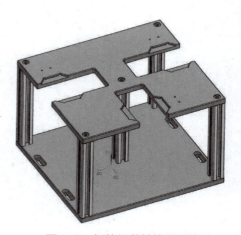

图4-2　杯垫组装站换手平台

表 4-1　杯垫组装站换手平台组件列表

序号	组件名称	组件数量
1	换手平台上板	1
2	换手平台下板	1
3	平台支撑	5
4	内六角圆柱头螺钉（M6）	10

2. 换手平台组件结构分析

（1）换手平台上板结构分析。换手平台上板的主结构为长方体，其中心及四角处共分布五个沉头孔，用于平台支撑零件与换手平台上板连接时安装螺栓用。长方体三侧设有矩形槽和梯形槽，作为机械手卡槽，用于放置不同类型的机械手夹具。矩形槽一侧加工有螺纹孔，用于安装传感器，以检测机械手夹具是否放置到位。换手平台上板各棱边均进行倒角处理。换手平台上板如图4-3所示。

（2）换手平台下板结构分析。换手平台下板的主结构也是长方体，其中心及四角处共分布五个沉头孔，用于换手平台下板与平台支撑零件连接时安装螺栓用。长方体两侧开有沉头腰孔，用于换手平台在杯垫组装站上的安装。换手平台下板各棱边均进行倒角处理。换手平台下板如图4-4所示。

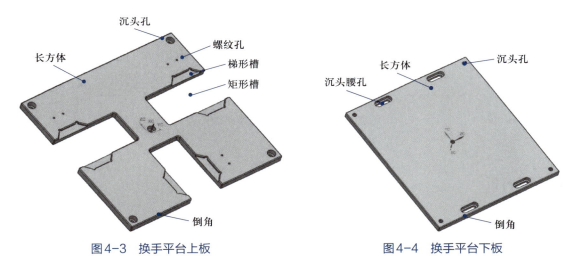

图4-3　换手平台上板　　　　　　图4-4　换手平台下板

（3）平台支撑零件结构分析。平台支撑零件为型材，主要用于连接换手平台下板和上板及支承上板。

本项目分为三个任务：任务一　换手平台下板建模设计与工程图输出，任务二　换手平台上板建模设计与工程图输出，任务三　杯垫组装站换手平台装配仿真。

换手平台下板建模设计与工程图输出

📠 任务描述

换手平台下板零件图如图4-5所示，本任务要求在NX软件建模功能环境下，综合运用体素特征建模法、成型特征建模法，创建换手平台下板零件实体模型。在NX软件制图功能环境下输出零件基本视图工程图，并完成必要的中心线标注和尺寸标注。

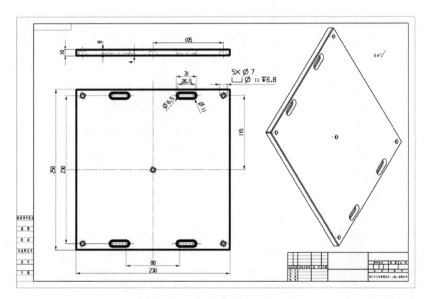

图4-5　换手平台下板零件图

📖 任务分析

换手平台下板零件的基本实体为长方体，该长方体可通过绘制草图辅助建模或者通过块体素特征创建获得。基于长方体模型进行孔、键槽特征等细节设计，此部分特征也可通过草图辅助建模或通过特征建模后对长方体进行布尔运算获得，最后对长方体各棱边进行倒边。结合任务要求，换手平台下板零件建模思路如图4-6所示。

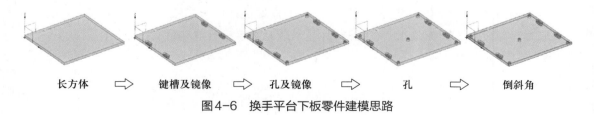

长方体 ⇨ 键槽及镜像 ⇨ 孔及镜像 ⇨ 孔 ⇨ 倒斜角

图4-6　换手平台下板零件建模思路

换手平台下板零件结构简单、对称，在工程图中通过基本视图及相应的尺寸标注即可完整地表达该零件结构，其工程图出图思路为：创建图纸模板→基于三维实体创建基本视图→注释中心对称线→尺寸设计与标注→保存工程图。

知识链接

一、块体素特征

1. 功能

利用【块】命令，无须绘制草图，通过定义拐角位置和尺寸即可直接在绘图区创建长方体或正方体等具有块形状特征的三维实体。

2. 命令路径

在 NX 软件建模功能环境下，进入【块】对话框有以下两种方法。

（1）单击【主页】选项卡【设计特征】组中的【块】命令按钮⬡。

（2）单击【菜单】|【插入】|【设计特征】|【块】命令。

3. 对话框设置

通过以上任意一种方法进入【块】对话框，如图4-7所示，该对话框提供以下三种方式创建块形状特征。

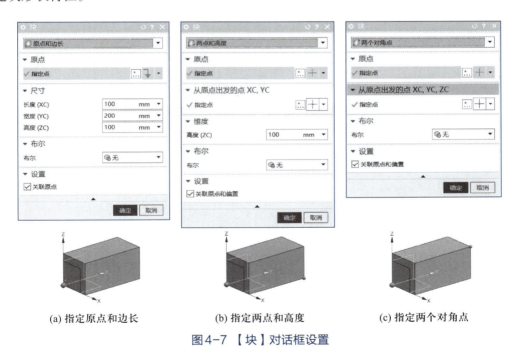

(a) 指定原点和边长　　　(b) 指定两点和高度　　　(c) 指定两个对角点

图4-7　【块】对话框设置

（1）指定原点和边长：指定块形状特征的原点和长度、高度、宽度尺寸，即可完成该块形状特征的创建。此方式从原点创建块，且块的边平行于 WCS 的轴。

（2）指定两点和高度：指定块形状特征底面的两个对角点和高度尺寸，即可完成该块形状特征的创建。此方式在点之间创建块，且块的边平行于 WCS 的轴。

注意：此方式中所指定的两个对角点的连线不能平行于坐标轴，否则将缺少底面尺寸，无法构建块形状特征。

（3）指定两个对角点：指定块形状特征在三维空间中体对角线的两个端点，即可完成该块形状特征的创建。此方式在点之间创建块，且块的边平行于 WCS 的轴。该方式创建块的建模逻辑如图4-8所示。

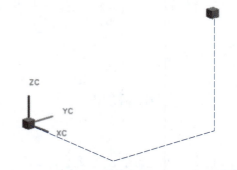

图4-8　指定两个对角点方式创建块的建模逻辑

二、圆柱体素特征

1. 功能

利用【圆柱】命令，可以直接在绘图区创建具有圆柱体形状特征的三维实体。

2. 命令路径

在 NX 软件建模功能环境下，进入【圆柱】对话框有以下两种方法。

（1）单击【主页】选项卡【设计特征】组中的【圆柱】命令按钮🛢。

（2）单击【菜单】|【插入】|【设计特征】|【圆柱】命令。

3. 对话框设置

通过以上任意一种方法进入【圆柱】对话框，如图4-9所示，该对话框提供以下两种方式创建圆柱体形状特征。

(a) 指定轴、直径和高度　　(b) 指定圆弧和高度

图4-9　【圆柱】对话框设置

（1）指定轴、直径和高度：指定圆柱底面中心点，指定矢量，设置直径和高度尺寸，即可完成该圆柱体形状特征的创建。

（2）指定圆弧和高度：指定底面圆弧，设置高度尺寸，即可完成该圆柱体形状特征的创建。

三、布尔运算（多实体合成）

1. 功能

通过【合并】、【减去】、【相交】等命令对实体特征进行操作，可以获得新实体特征。其中，【合并】命令将两个及以上的实体特征组合合并成一个新实体。【减去】命令从目标体中减去与工具体的公共部分获得新实体，适用于实体和片体两种特征。【相交】命令取目标体和工具体的公共部分，即交集为新实体。

2. 运算逻辑

用工具体对目标体进行布尔运算，操作结果如图4-10所示。目标体是被执行布尔运算的实体，目标体有且只有一个，工具体是在目标体上执行操作的实体，工具体可有一个或多个。若目标体和工具体具有不同的图层、颜色、线形等特性，则新实体取和目标体相同的特性。

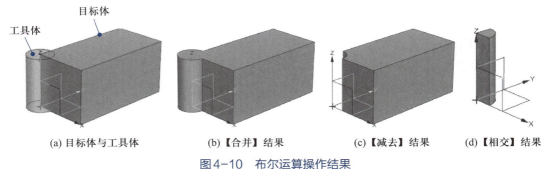

(a) 目标体与工具体　　(b)【合并】结果　　(c)【减去】结果　　(d)【相交】结果

图4-10　布尔运算操作结果

3. 命令路径

（1）在NX软件建模功能环境下，单击【主页】选项卡【基本】组中的【合并】命令按钮，则进入【合并】对话框。同理，若要进入【减去】或【相交】对话框，则对应地单击【基本】组中的【减去】命令按钮或【相交】命令按钮。

（2）单击【菜单】|【插入】|【组合】|【合并】命令，则进入【合并】对话框。同理，在【组合】下拉菜单中单击【减去】或【相交】命令，则进入相应的对话框。

4. 对话框设置

【合并】、【减去】、【相交】对话框的设置过程相似，如图4-11所示，依次选择目标体和工具体，选择是否【保存目标】和【保存工具】，其中【保存目标】指完成布尔运算后保留目标体，【保存工具】指完成布尔运算后保留工具体，设置完毕后单击【确定】按钮。

| (a)【合并】对话框 | (b)【减去】对话框 | (c)【相交】对话框 |

图4-11 布尔运算对话框设置

四、键槽成型特征

1. 功能

【键槽】命令常用于实体建模过程中对模型添加直槽形状细节，该命令可在实体上创建矩形槽、球形端槽、U形槽、T形槽和燕尾槽五种形状特征的实体，形成所需的键槽特征。

2. 命令路径

在NX软件建模功能环境下，单击【菜单】|【插入】|【设计特征】|【键槽】命令。

3. 对话框设置

【键槽】命令采用向导式对话框，首先选择键槽类型，再选择键槽特征的放置平面，指定水平参考后输入键槽尺寸参数，再选择尺寸定位方式，为键槽进行定位基准、定位对象的选择和定位尺寸的设计后，可创建出所需键槽特征。在一个尺寸为100 mm×200 mm×10 mm的块特征上创建一个100 mm×50 mm×10 mm的矩形键槽，其向导式对话框设置流程如图4-12所示。

图4-12 【键槽】向导式对话框设置流程

【键槽】命令可创建的五种类型键槽的向导式对话框设置过程相似，只是设置的键槽尺寸参数有所不同，矩形槽尺寸参数如图4-12所示，其他类型键槽的尺寸参数如图4-13所示，各类型键槽尺寸参数与其几何形状有关。

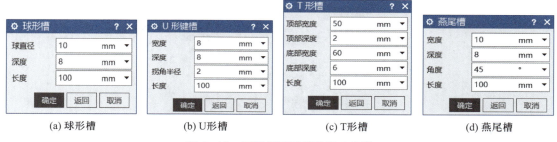

(a) 球形槽　　　　　(b) U形槽　　　　　(c) T形槽　　　　　(d) 燕尾槽

图4-13　不同类型键槽的尺寸参数

五、工程图基本视图

1. 功能

实体模型的基本视图有主视图、俯视图、左视图、右视图、仰视图和后视图等，通过【基本视图】命令可以在图纸页上创建指定零件的基本视图工程图，表达零件的主要形状特征。

微视频
工程图基本视图

2. 命令路径

在NX软件制图功能环境下，单击【主页】选项卡【视图】组中的【基本视图】命令按钮，或单击【菜单】|【插入】|【视图】|【基本】命令，系统弹出【基本视图】对话框。

3. 对话框设置

如图4-14所示，在【基本视图】对话框中选择要为其创建基本视图的部件以及要使用的模型视图，设置比例和视图样式，然后用鼠标光标将设置好的基本视图移动到指定视图位置即可。

【基本视图】对话框参数设置具体如下。

（1）【选择部件】指选择要为其创建基本视图的部件。若该部件的实体建模文件已经加载，则系统自动选择该部件。若要更改选择，则展开【已加载的部件】或【最近访问的部件】列表，从中选择部件，或者单击【打开】按钮，从弹出的【部件名】对话框中，搜索、选择所需部件。

（2）选择模型视图。在【要使用的模型视图】下拉列表中选择所需基本视图，下拉列表中的选项包括【俯视图】、【前视图】、【右视图】、【后视图】、【仰视图】、【左视图】、【正等测图】和【正三轴测图】。

用户可单击【定向视图工具】按钮，在弹出的【定向视图工具】对话框和【定向视图】窗口中自定义模型视图的法向及X向等，以调整视图方位，如图4-15所示。

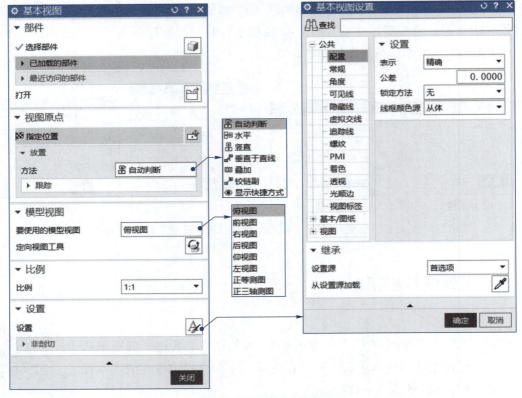

图4-14 【基本视图】对话框

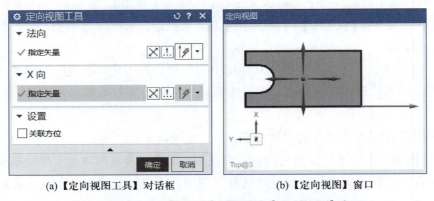

(a)【定向视图工具】对话框　　(b)【定向视图】窗口

图4-15 【定向视图工具】对话框和【定向视图】窗口

（3）设置比例。在【比例】下拉列表中直接选择比例，或在下拉列表中的【比率】或【表达式】选项中设置比例。

（4）设置图纸样式。单击【基本视图】对话框中的【设置】按钮 ，在弹出的【基本视图设置】对话框中进行视图样式设置，如图4-14所示。若使用系统默认的视图样式，则无须进行此设置。

（5）指定视图原点即布置该视图在工程图上的位置。完成【基本视图】对话框中的设置后，在图形窗口空白处单击左键，则视图被布置在鼠标单击的位置处。

六、工程图中心线

1. 分类

针对注释的对象或方式不同，NX 软件提供了多种工程图中心线命令，包括【中心标记】、【螺栓圆中心线】、【圆形中心线】、【对称中心线】、【自动中心线】等，见表4-2。

表4-2 工程图中心线命令分类列表

按钮图标	命令名称	命令功能
⊕	中心标记	为圆心、弧心等创建中心标记
⬡	螺栓圆中心线	创建完整或部分螺栓圆中心线
◯	圆形中心线	创建完整或部分圆形中心线
⊡	二维中心线	创建二维中心线
▮	三维中心线	基于面或者曲线创建中心线，其中产生的中心线是真实三维中心线
‖·‖	对称中心线	创建对称中心线
⬧	自动中心线	为指定视图自动创建中心标记、圆形中心线

2. 命令路径

在NX软件制图功能环境下，进入相应中心线对话框有以下两种方法：

（1）单击【主页】选项卡【注释】组中对应的命令按钮。

（2）单击【菜单】|【插入】|【中心线】下拉菜单中对应的中心线命令。

3. 对话框设置

（1）【中心标记】对话框设置，如图4-16（a）所示。首先选择标记对象，如圆心、弧心或者用鼠标光标抽取圆形或者弧形特征边，然后在【设置】选项组中编辑中心标记的尺寸、角度以及颜色和宽度等显示，设置完成后单击【确定】或者【应用】按钮。

（2）【螺栓圆中心线】对话框设置，如图4-16（b）所示。首先选择创建螺栓圆中心线的方式，包括【通过3个或多个点】和【中心点】两种方式，根据创建方式依次在图样中选择多个螺栓中心点或者选择一个螺栓圆中心点和一个螺栓中心点，接着在【设置】选项组中编辑中心线的尺寸、颜色和宽度等显示参数，设置完成后单击【确定】或者【应用】按钮。

（3）【圆形中心线】对话框设置，如图4-16（c）所示。设置方式与【螺栓圆中心线】对话框设置方式相似。

（4）【对称中心线】对话框设置，如图4-16（d）所示。首先选择创建对称中心线的方式，包括【从面】和【起点和终点】两种方式。若选择【从面】，则再选择需设置对称线的圆柱面对象；若选择【起点和终点】，则再选择对称线的起点和终点。接着在【设置】选项组中编辑中心线的尺寸、颜色和宽度等显示参数，设置完成后单击【确定】或者【应用】按钮。

（5）【自动中心线】对话框设置，如图4-16（e）所示。用户只需要选择需要自动添加中心线的视图即可。

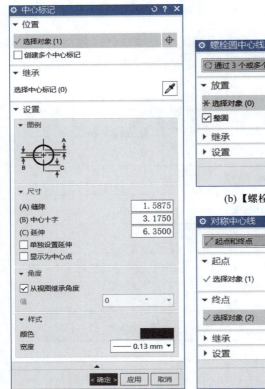

(a)【中心标记】对话框

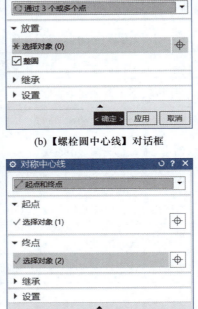

(b)【螺栓圆中心线】对话框

(d)【对称中心线】对话框

(c)【圆形中心线】对话框

(e)【自动中心线】对话框

图4-16　工程图中心线对话框

微视频
工程图尺寸标注

七、工程图尺寸标注

1. 分类

根据标注要素和标注要求不同，工程图尺寸标注有多种类型，如表4-3所示。

表4-3　工程图尺寸标注命令分类列表

按钮图标	命令名称	命令功能
	快速尺寸	系统根据用户选定对象和光标位置自动判断尺寸类型，以创建尺寸
	线性尺寸	用于在两个对象或点之间创建线性尺寸
	径向尺寸	用于创建圆形或圆弧对象的半径或直径尺寸
	角度尺寸	用于在两条不平行的线之间创建角度尺寸
	孔和螺纹标注	用于创建孔或螺纹标注尺寸

按钮图标	命令名称	命令功能
	倒斜角尺寸	用于在倒斜角曲线上创建倒斜角尺寸
	厚度尺寸	用于创建厚度尺寸以测量两条曲线之间的距离
	弧长尺寸	用于创建弧长尺寸以测量圆弧的周长
	坐标尺寸	用于创建坐标尺寸，测量从公共点沿一条坐标基线到某一对象上位置的距离

2. 命令路径

在 NX 软件制图功能环境下，进入表4-3中各对话框有以下两种方法：

（1）单击【主页】选项卡【尺寸】选项组中对应的命令按钮。

（2）单击【菜单】|【插入】|【尺寸】下拉菜单中对应的尺寸标注命令。

3. 对话框设置

（1）【快速尺寸】对话框设置。【快速尺寸】对话框如图4-17所示，依次进行如下设置。

图4-17 【快速尺寸】对话框

① 在【参考】选项组中选择两个参考对象，即要进行尺寸标注的两个对象。

② 在弹出的【编辑尺寸】对话框中，进行尺寸类型 、尺寸公差形式 、文本与尺寸线的位置 、编辑附加文本 、尺寸精度 等设置，如图4-18所示。

③ 在【原点】选项组中指定尺寸标注在工程图中的位置，通过移动鼠标光标将尺寸标

注在工程图上指定位置，或者勾选【自动放置】再选择尺寸标注对象，则系统自动放置所标注的尺寸。

④ 在【测量】选项组的【方法】下拉列表中选择尺寸类型或尺寸标注放置的方向，通常选择【自动判断】选项，由系统根据所选择的对象进行自动判断。

⑤ 单击【设置】选项组中的【设置】按钮 A，在弹出的【快速尺寸设置】对话框中对尺寸线及箭头的颜色、线型等进行设置，对尺寸文本的字体、颜色及大小等进行设置。此处设置只对当前要标注的尺寸有效，为保持工程图中同类尺寸、文本的一致性，可提前在【制图首选项】中对相关设置进行定义和规定。

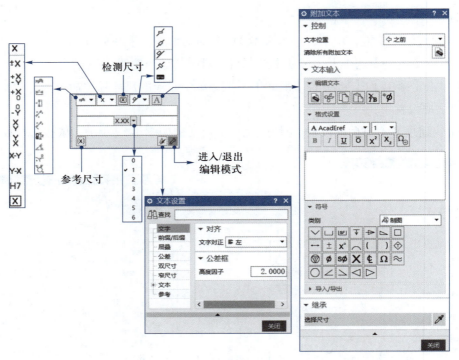

图4-18 【编辑尺寸】对话框

（2）【线性尺寸】对话框设置。与【快速尺寸】对话框中的设置相似，如图4-19（a）所示。

（3）【径向尺寸】对话框设置。选择需要标注径向尺寸的对象，如圆形或者圆弧，在【原点】、【测量】、【设置】选项组中进行相关设置，设置方法与【快速尺寸】对话框中的设置相似，如图4-19（b）所示。

（4）【角度尺寸】对话框设置。在【参考】选项组中设置【选择模式】，包括【对象】和【矢量和对象】两种模式，依次选择形成夹角的两个对象。在【测量】选项组中单击【错角】按钮 ⟳，进行错角测量。【原点】、【设置】选项组的设置方法与【快速尺寸】对话框中的设置相似，如图4-19（c）所示。

（5）【孔和螺纹标注】对话框设置。选择标注类型，包括【线性】和【径向】两种类型。在【特征】选项组中选择要标注的特征对象。在【尺寸】选项组中选择是否创建单独的深度尺寸。【原点】、【设置】选项组的设置方法与【快速尺寸】对话框中的设置相似，如图4-19（d）所示。

（6）【倒斜角尺寸】对话框设置。在【参考】选项组中依次选择倒斜角对象和参考对象，【原点】、【设置】选项组的设置方法与【快速尺寸】对话框中的设置相似，如图4-19（e）所示。

（7）【厚度尺寸】对话框设置。在【参考】选项组中依次选择需进行厚度尺寸标注的两个对象，【原点】、【设置】选项组的设置方法与【快速尺寸】对话框中的设置相似，如图4-19（f）所示。

（8）【弧长尺寸】对话框设置。在【参考】选项组中选择需进行弧长尺寸标注的圆弧对象，【原点】、【设置】选项组的设置方法与【快速尺寸】对话框中的设置相似，如图4-19（g）所示。

(a)【线性尺寸】对话框

(b)【径向尺寸】对话框

(c)【角度尺寸】对话框

(d)【孔和螺纹标注】对话框

(e)【倒斜角尺寸】对话框

(f)【厚度尺寸】对话框

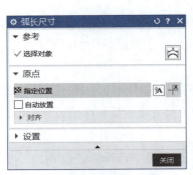

(g)【弧长尺寸】对话框

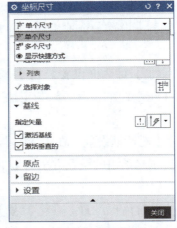

(h)【坐标尺寸】对话框

图4-19 工程图尺寸标注相关命令对话框

（9）【坐标尺寸】对话框设置。选择标注类型，包括【单个尺寸】和【多个尺寸】两种类型。在【参考】选项组中依次选择原点和需要进行坐标标注的对象。在【基线】选项组的【指定矢量】选项中对基线矢量方向进行自定义或采用系统自动判断的矢量，勾选【激活基线】或【激活垂直的】，二者至少勾选一项，若需标注二维坐标，则同时勾选此两项。单击【留边】选项组中的【定义边距】按钮，在弹出的【定义边距】对话框中对边距进行设置。【原点】、【设置】选项组的设置方法与【快速尺寸】对话框中的设置相似。

注意：通过工程图尺寸标注显示的尺寸值不得进行编辑修改，该标注尺寸反映三维实体模型建模过程中的设计参数，修改实体模型的设计参数，则工程图中对应的尺寸将自动关联并修改。

任务实施

1. 换手平台下板建模设计

（1）启动 NX 软件，新建一个【建模】类型的文件模板，进入建模功能环境。

① 在操作系统桌面菜单中选择【开始】|【所有程序】|【NX 1953】，启动 NX 软件进程。

② 单击【文件】|【新建】命令或者直接单击【新建】命令按钮，在弹出的【新建】对话框中单击【模型】，设置单位为【毫米】，选择【建模】类型的文件模板，并命名为"00_换手平台下板 .prt"，设置文件存放路径为 "D:\model\杯垫组装站\"，单击【确定】按钮后进入建模功能环境。

③ 单击【文件】|【保存】命令或者使用键盘快捷键 "Ctrl+S" 保存文件。

（2）设置图层。

（3）创建长方体。单击【主页】选项卡【设计特征】组中的【块】命令按钮，在弹出的【块】对话框中选择【原点和边长】创建方式，指定原点为坐标系原点，输入【长度】、【宽度】和【高度】尺寸分别为230 mm、250 mm、10 mm，其余使用系统默认设置，单击【确定】按钮。所创建的长方体如图4-20所示。

（4）创建基准平面。单击【主页】选项卡【构造】组中的【基准平面】命令按钮◇，在弹出的【基准平面】对话框中选择【二等分】创建方式，分别选取长方体的左右两平面为第一平面和第二平面，单击【确定】按钮，完成基准平面1的创建。按照同样的步骤，以长方体的前后两平面为第一平面和第二平面，完成基准平面2的创建。所创建的两个基准平面如图4-21所示。

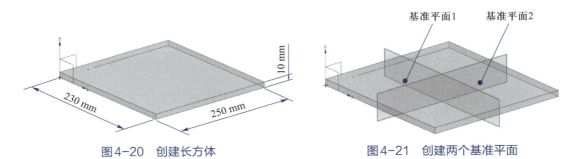

图4-20　创建长方体　　　　　　　　图4-21　创建两个基准平面

（5）创建键槽。

① 创建尺寸为26.5 mm×6.5 mm×10 mm的键槽（键槽1）。选择【菜单】|【插入】|【设计特征】|【键槽】命令按钮◆，在弹出的对话框中选择【矩形槽】，选择上表面为键槽特征的放置平面，左侧面为水平参考，输入键槽【长度】、【宽度】和【高度】尺寸分别为26.5 mm、6.5 mm、10 mm，单击【确定】按钮，如图4-22（a）所示。在【定位】对话框中单击【竖直定位】按钮，选择水平参考面的上棱边为目标对象，选择键槽与目标对象相平行的对称线为刀具边，输入刀具边相对于目标对象的竖直定位尺寸为10 mm，单击【确定】按钮，如图4-22（b）所示。在【定位】对话框中单击【水平定位】按钮，选择棱边为目标对象，选择键槽与目标对象相平行的对称线为刀具边，输入刀具边相对于目标对象的定位尺寸为65 mm，单击【确定】按钮，如图4-22（c）所示。该键槽如图4-22（d）所示。

② 创建尺寸为31 mm×11 mm×6 mm的键槽（键槽2）。与尺寸为26.5 mm×6.5 mm×10 mm的键槽创建流程一致，仅键槽尺寸参数不同，此键槽【长度】、【宽度】和【高度】尺寸分别为31 mm、11 mm和6 mm。该键槽特征如图4-23所示。

③ 创建键槽的镜像特征。单击【主页】选项卡【基本】组中的【镜像特征】命令按钮，在弹出的对话框中选择键槽1、键槽2为要镜像的特征，选择基准平面1为镜像平面，单击【确定】按钮。采用相同的方法，选择键槽1、键槽2和已镜像的特征为要镜像的特征，选择基准平面2为镜像平面，再次进行镜像。完成后效果如图4-24所示。

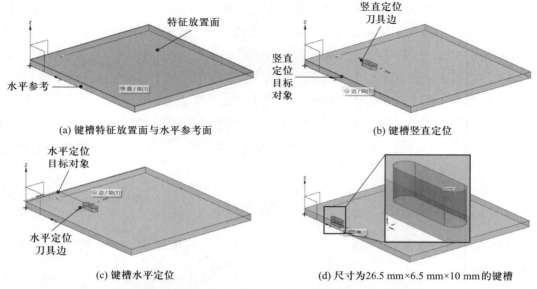

(a) 键槽特征放置面与水平参考面

(b) 键槽竖直定位

(c) 键槽水平定位

(d) 尺寸为26.5 mm×6.5 mm×10 mm的键槽

图4-22　创建尺寸为26.5 mm×6.5 mm×10 mm的键槽

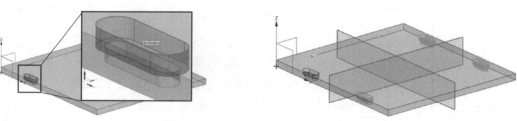

图4-23　创建尺寸为31 mm×11 mm×6 mm的键槽

图4-24　键槽镜像特征

（6）创建沉头孔。

① 创建沉头孔。单击【主页】选项卡【基本】组中的【孔】命令按钮🧊，在弹出的【孔】对话框中选择【沉头】类型，在【形状】选项组中将【孔径】、【沉头直径】、【沉头深度】参数设定为6.6 mm、11 mm、6.8 mm。单击【指定点】按钮✐，在弹出的【创建草图】对话框中选择【基于平面】方式，选择长方体的下表面为草图平面，单击【确定】按钮，此操作用于为孔特征选择放置平面。在弹出的【草图点】对话框中单击【指定点】按钮⬚，在弹出的【点】对话框中输入点的X、Y、Z坐标分别为10 mm、10 mm、0 mm，单击【确定】按钮，此操作用于为孔特征定义中心点。单击【完成】按钮🏁退出草图，返回至【孔】对话框。选择【孔方向】为【垂直于面】，选择【深度限制】为【贯通体】，勾选【预览】，如图4-25（a）所示，查看绘图区沉头孔预览结果，无误后单击【确定】按钮，如图4-25（b）所示。

② 创建沉头孔的镜像特征。与本任务中键槽的镜像特征操作相似，请读者自行完成沉头孔的镜像特征，如图4-25（c）所示。

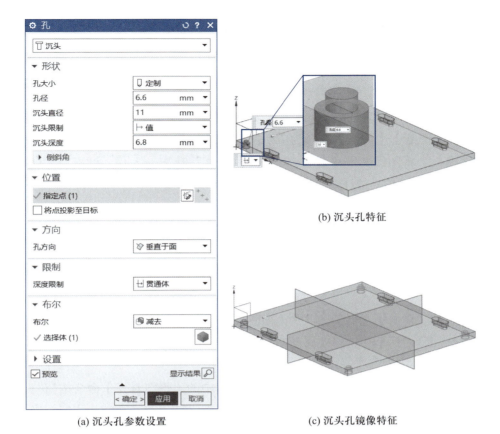

(a) 沉头孔参数设置

(b) 沉头孔特征

(c) 沉头孔镜像特征

图4-25　创建沉头孔

（7）创建中心沉头孔。可采用【孔】命令创建中心沉头孔，也可以采用创建圆柱体为工具对象，对长方体目标对象进行【减去】布尔运算，以获得中心沉头孔。下面介绍采用【减去】布尔运算创建中心沉头孔的方法。

①创建 $\Phi6.6$ mm × 10 mm 的圆柱（圆柱1）。单击【主页】选项卡【设计特征】组中的【圆柱】命令按钮，在弹出的【圆柱】对话框中选择【轴、直径和高度】方式，定义【直径】、【高度】尺寸为6.6 mm、10 mm，指定轴矢量竖直向上，单击【指定点】按钮，在弹出的【点】对话框中输入点的X、Y、Z坐标分别为115 mm、125 mm、0 mm，单击【确定】按钮，此操作用于为圆柱特征定义中心点。单击【确定】按钮后完成圆柱1的创建。

②创建 $\Phi11$ mm × 6.8 mm 的圆柱（圆柱2）。与圆柱1的创建方式相似，仅【直径】、【高度】尺寸不同，分别为11 mm、6.8 mm。

③布尔运算。单击【主页】选项卡【基本】组中的【减去】命令按钮，在弹出的【减去】对话框中选择长方体为目标体，圆柱1、圆柱2为工具体，意为从长方体特征上减去圆柱体1、2获得新实体。

（8）倒斜角。单击【主页】选项卡【基本】组中的【倒斜角】命令按钮，在弹出的对话框中设置【距离】为1 mm，依次单击长方体的各条棱边为倒斜角对象，单击【确定】按钮。

（9）整理图层。将基准平面1、基准平面2移至不可见图层。

（10）保存模型文件。

2．输出换手平台下板零件工程图

（1）新建【制图】类型的文件模板，进入制图功能环境。

① 单击【文件】|【新建】命令或者直接单击【新建】命令按钮🗋，在弹出的【新建】对话框中单击【图纸】，【关系】选择为【引用现有部件】，设置单位为【毫米】，选择A2无视图的文件模板。将图纸文件命名为"00_换手平台下板_dwg.prt"，设置文件存放路径为"D:\model\杯垫组装站\"，选择要创建图纸的部件为"00_换手平台下板.prt"，单击【确定】按钮后进入制图功能环境。

② 单击【文件】|【保存】命令或者使用键盘快捷键"Ctrl+S"保存文件。

（2）创建基本视图。

① 单击【主页】选项卡【视图】组中的【基本视图】命令按钮🐾，放置俯视图和前视图。

② 移动视图。单击【主页】选项卡【视图】组中的【移动/复制视图】命令按钮🐾，在弹出的图4-26所示对话框中选择要移动/复制的视图，选择移动方式，通过指定距离或者用鼠标光标调整视图的位置。

③ 视图对齐。单击【主页】选项卡【视图】组中的【视图对齐】命令按钮🐾，在弹出的图4-27所示对话框中选择视图，即要被移动的视图，选择对齐方法，用鼠标光标在视图中选择对齐的参考对象，单击【确定】按钮。

④ 设置不可见虚线。在视图处右击，在弹出的菜单中选择【设置】，在弹出的图4-28所示对话框中选择【隐藏线】，将其由【不可见】调整为虚线，单击【确定】按钮。

图4-26 【移动/复制视图】对话框

图4-27 【视图对齐】对话框

图4-28 【设置】对话框

（3）标注中心线。

① 快速自动创建孔中心线。单击【主页】选项卡【注释】组中的【自动中心线】命令按钮，依次选择两个视图，单击【确定】按钮，完成孔中心线的快速自动创建。

② 编辑俯视图对称中心线。在俯视图中心孔中心线处单击右键，在弹出的菜单中选择【编辑】，在弹出的【中心标记】对话框中勾选【尺寸】选项组中的【单独设置延伸】，对中心线进行如图4-29的设置，单击【确定】按钮。

③ 创建键槽特征中心线。单击【主页】选项卡【注释】组中的【2D 中心线】命令按钮，在弹出的图4-30所示对话框中选择【从曲线】方式，选择键槽特征的两个直线边为两侧对象，单击【确定】按钮。

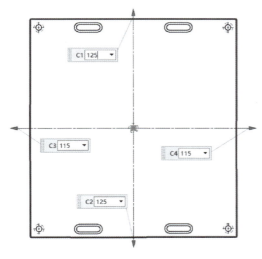

图4-29　编辑俯视图对称中心线

图4-30　创建键槽特征中心线

（4）尺寸标注。

① 线性尺寸标注。单击【主页】选项卡【尺寸】组中的【线性尺寸】命令按钮，对工程图中的线性尺寸进行标注，包括换手平台下板的长、宽、高尺寸标注，键槽与沉头孔相对于中心线的对称尺寸标注，键槽的长度、深度尺寸标注。

② 孔尺寸标注。单击【主页】选项卡【尺寸】组中的【径向尺寸】命令按钮，对工程图中的沉头孔、键槽圆头进行直径尺寸标注，如图4-31所示。

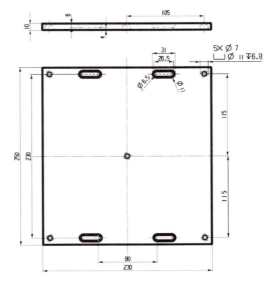

图4-31　创建尺寸标注

（5）设置图纸背景颜色。单击【文件】|【首选项】|【可视化】命令，在弹出的图4-32（a）所示【可视化首选项】对话框中，选择左侧的【颜色】|【图纸布局】选项，在右侧单击【背景】对应的颜色，在弹出的图4-32（b）所示【对象颜色】对话框中选择图纸背景颜色为白色，连续单击【确定】按钮。

(a)【可视化首选项】对话框　　　　　　(b)【对象颜色】对话框

图4-32　设置图纸背景颜色

（6）保存工程图图纸文件。

✐任务评价

按照表4-4的要求完成本任务评价。

表4-4　换手平台下板建模设计与工程图输出任务评价表

任务	训练内容	分值	训练要求	学生自评	教师评分
换手平台下板建模设计与工程图输出	换手平台下板建模设计	35分	（1）正确创建【建模】类型的文件模板； （2）正确使用体素特征、成型特征进行建模； （3）正确使用布尔运算进行多实体合成		
	工程图输出	35分	（1）正确使用基本视图并进行视图布局； （2）正确、完整地进行中心线及尺寸标注； （3）正确设置图纸背景颜色并输出工程图		

任务	训练内容	分值	训练要求	学生自评	教师评分
换手平台下板建模设计与工程图输出	职业素养与创新思维	30分	（1）积极思考，举一反三； （2）团队合作，分组讨论，独立操作； （3）遵守纪律，遵守实验室管理制度		
			学生：　　　　　教师：　　　　　日期：		

任务二
换手平台上板建模设计与工程图输出

📖 任务描述

换手平台上板零件图如图4-33所示，本任务要求在NX软件建模功能环境下，综合运用基于草图建模、成型特征建模法，创建换手平台上板零件实体模型。在NX软件制图功能环境下输出零件基本视图及局部剖视图工程图，并完成必要的中心线标注和尺寸标注。

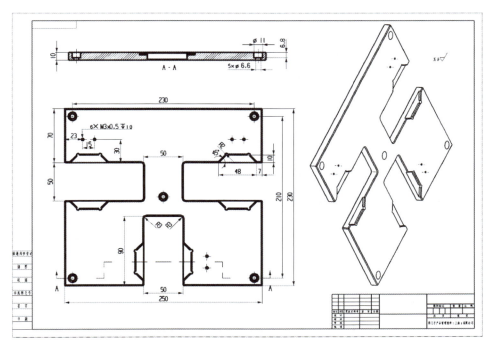

图4-33　换手平台上板零件图

换手平台上板零件的基本实体为长方体，与换手平台下板相似，可通过绘制草图辅助建模或者通过块体素特征创建获得。基于长方体模型进行沉头孔、腔体特征等细节设计，此部分特征也可通过草图辅助建模或通过成型特征建模获得，最后对零件模型各棱边进行倒边。结合任务要求，换手平台上板零件的建模思路如图4-34所示。

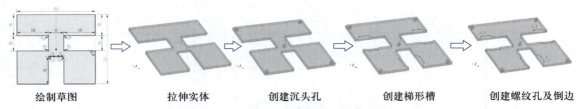

| 绘制草图 | 拉伸实体 | 创建沉头孔 | 创建梯形槽 | 创建螺纹孔及倒边 |

图4-34　换手平台上板零件建模思路

换手平台上板零件结构简单，在工程图中通过基本视图、剖视图及相应的尺寸标注即可完整地表达该零件结构，其工程图出图思路：创建图纸模板→基于三维实体创建基本视图→基于基本视图创建剖视图→注释中心对称线→尺寸设计与标注→保存工程图。

一、孔成型特征

1. 功能

利用【孔】命令，无须绘制草图，可直接在特征安放面的法向反向方向创建孔特征。如图4-35所示，使用【孔】命令可添加一个孔到部件或一个或多个实体上，并且孔特征可以为简单孔、沉头孔、埋头孔和螺纹孔等。

图4-35　实体模型上的孔成型特征

2. 命令路径

在NX软件建模功能环境下，进入【孔】对话框有以下两种方法：

（1）单击【主页】选项卡【基本】组中的【孔】命令按钮。

（2）单击【菜单】|【插入】|【设计特征】|【孔】命令。

3. 对话框设置

通过以上任意一种方法进入【孔】对话框，如图4-36所示，该对话框主要设置的内容如下。

(a)【简单孔】类型

(b)【沉头孔】类型

(c)【埋头孔】类型

(d)【锥孔】类型

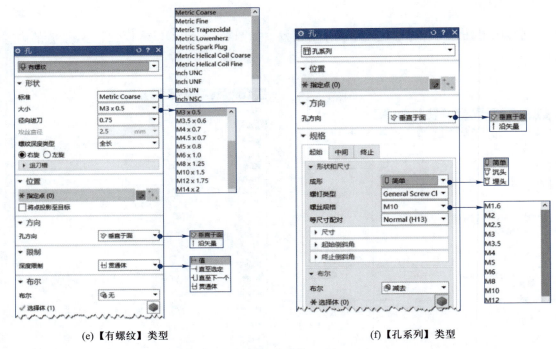

(e)【有螺纹】类型   (f)【孔系列】类型

图4-36 【孔】对话框

（1）选择孔的类型。孔的类型包括【简单】、【沉头】、【埋头】、【锥孔】、【有螺纹】和【孔系列】，如表4-5所示。

表4-5 孔的类型

序号	类型	形状简图	注释
1	简单		从输入值确定或从钻位列表大小中选择的简单孔
2	沉头		由输入值或紧固件间隙确定的沉头孔
3	埋头		由输入值或紧固件间隙确定的埋头孔
4	锥孔		由输入直径和锥角值确定的锥孔
5	有螺纹		由尺寸选自列表的标准定义的螺纹孔
6	孔系列		穿过多个部件的孔。起始部件和中间部件有间隙孔，结束部件可能有间隙孔或螺纹孔

（2）设置孔的形状。孔的类型不同，其形状的设置内容也有所区别。以沉头孔为例，其【形状】选项组中应设置【孔大小】类型、【孔径】尺寸、【沉头直径】尺寸、【沉头限制】类型、【沉头深度】尺寸，其中【孔大小】包括【定制】和【螺钉间隙】两种类型，【沉头限制】包括【值】、【直至选定】和【与所选对象的距离】三种方式限制沉头的深度尺寸。此外，孔的深度尺寸应在【限制】选项组中进一步设置。

（3）选择孔特征放置的位置。即选择孔特征的安放面并选择孔特征的安放中心点，可通过两种方式选择孔特征的安放位置。

①【点】：单击【点】按钮，用鼠标光标选择已存在的点作为孔特征的安放位置。

②【绘制截面】：单击【绘制截面】按钮，在弹出的【创建草图】对话框中选择面，即选择孔特征的安放面，再单击【点】按钮，在弹出的【点】对话框中设置孔的中心点位置。

（4）设置孔特征的方向。即选择孔特征的轴矢量方向，包括【垂直于面】和【沿矢量】两种设置类型。

①【垂直于面】：是系统默认的孔特征方向，即选择孔特征安放面的法向反向为孔特征的轴矢量。

②【沿矢量】：通过【矢量】对话框创建矢量作为孔特征的轴矢量，或通过【指定矢量】下拉列表中【方向】选项组提供的矢量作为孔特征的轴矢量。

（5）设置孔特征的限制。孔特征的限制指的是孔深度尺寸的限制，包括【值】、【直至选定】、【直至下一个】和【贯通体】，如图4-37所示。

① 通过【值】方式限制孔深度尺寸，需进一步设置至孔肩线或至孔锥角顶端的孔深度尺寸，以及顶锥角的角度大小。

② 通过【直至选定】方式限制孔深度尺寸，需进一步选择孔深度的限制对象，该选项的含义为孔的深度直至选择的限制对象为止。

③ 通过【直至下一个】方式限制孔深度尺寸，其含义为孔深度将沿着轴矢量直到目标体的下一个面为止。

④ 通过【贯通体】方式限制孔深度尺寸，其含义为孔深度将沿着轴矢量直到目标体的最后一个面为止。

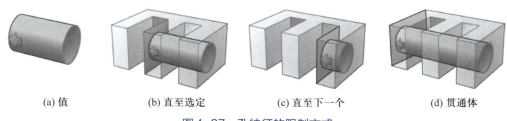

| (a) 值 | (b) 直至选定 | (c) 直至下一个 | (d) 贯通体 |

图4-37　孔特征的限制方式

（6）选择是否进行布尔运算。【布尔】选项组中包括【无】和【减去】两种选项，若选择【无】，所创建的孔特征不会从目标体上减去；若选择【减去】，所创建的孔特征将对目标体进行减去布尔运算，生成带有孔特征的新实体。

二、腔体成型特征

1. 功能

利用【腔】命令，无须绘制草图，可直接在特征安放面的法向反向方向创建圆柱、矩形或常规形状的型腔特征。

2. 腔体类型

腔体类型包括圆柱形腔、矩形腔和常规腔。

（1）圆柱形腔：用于定义按照特定的深度，包含或不包含倒圆底面，并具有直面或斜面的圆柱形腔。

（2）矩形腔：用于定义按照特定的长度、宽度和深度，在拐角和底面具有特定半径，并具有直面或斜面的矩形腔。

（3）常规腔：使用此选项时可创建的腔类型要比使用圆柱形腔和矩形腔选项时可创建的种类多，腔的形状和设计方面更加灵活。常规腔包括以下特性。

① 常规腔的放置面可以是自由曲面，而不像其他腔选项那样，要严格地是一个平面。

② 常规腔的底部由一个底面定义，底面也可以是自由曲面。

③ 可以在顶部和/或底部通过曲线链来定义常规腔的形状。曲线不一定位于选定面上，如果没有位于选定面上，它们将按照用户选定的方法投影到面上。

④ 常规腔的曲线不必形成封闭线串，它们可以是开放的，但必须是连续的，也可以让线延伸出放置面的边。

⑤ 在指定放置面或底面与常规腔侧面之间的半径时，可以将代表腔轮廓的曲线指定到腔侧面与放置面或底面的理论交点，或指定到圆角半径与放置面或底面之间的相切点。

⑥ 常规腔的侧面是定义腔形状的理论曲线之间的直纹面。

3. 命令路径

在NX软件建模功能环境下，通过单击【菜单】|【插入】|【设计特征】|【腔】命令，可进入【腔】对话框。

4. 对话框设置

进入【腔】对话框，首先选择腔的类型。圆柱形腔和矩形腔的设置流程、设置逻辑与键槽成型特征相似，根据向导式对话框的提示，依次选择型腔的安放面、设置型腔的参数，然后采用定位方式精准定位型腔的安放位置。

（1）圆柱形腔的设置。在【腔】对话框中，选择【圆柱形】类型，在弹出的【圆柱腔】对话框中选择型腔的安放面，系统进入【圆柱腔】对话框下一个界面，在此界面设置【腔直径】、【深度】、【底面半径】和【锥角】四个参数，其中【深度】指的是沿着指定的方向矢量从原点测量的腔的深度尺寸，深度值必须大于底面半径。四个参数设置完毕后，单击【确定】按钮，系统弹出【定位】对话框，对其安放位置进行设置。在一个尺寸为 $200 \text{ mm} \times 200 \text{ mm} \times 10 \text{ mm}$ 的块特征中心处创建一个尺寸为 $\Phi 50 \text{ mm} \times 8 \text{ mm}$ 且无底面半径和锥角的圆柱形腔的流程如图4-38所示。

图4-38　创建圆柱形腔的流程

（2）矩形腔的设置。创建矩形腔的流程与圆柱形腔相似，只是参数内容有所不同，矩形腔的参数包括【长度】、【宽度】、【深度】、【拐弯半径】、【底面半径】和【锥角】。

（3）常规腔的设置。常规腔对话框如图4-39所示，【选择步骤】选项组用于指定创建常规腔的对象，根据所设计的常规腔，合理选择【选择步骤】中的步骤，无须使用每个步骤。【常规腔】对话框下部分的选项组用于设置创建常规腔的参数。

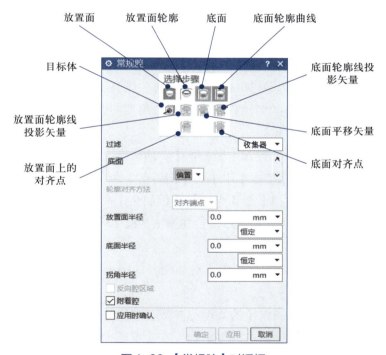

图4-39　【常规腔】对话框

图4-40所示为一个常规腔设置的示例。在【选择步骤】选项组中选择【放置面】，并在图形窗口中，选择常规腔的放置面。在【选择步骤】选项组中选择【放置面轮廓】，并在

图形窗口中，选择放置面轮廓曲线。在【选择步骤】选项组中选择【底面】，并在图形窗口中，选择常规腔的底面。从【底面】下的列表中，选择【偏置】，在选定的底面框中，输入【-1.5】。在【选择步骤】选项组中选择【底面轮廓】，并在图形窗口中，选择底面轮廓曲线。在【选择步骤】选项组中选择【目标体】，并在图形窗口中，选择实体。两次单击【确定】按钮后，完成该常规腔的设置。

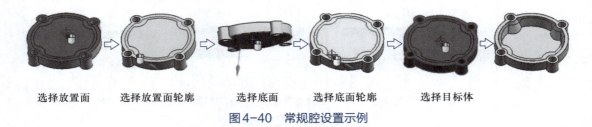

选择放置面　　　选择放置面轮廓　　　选择底面　　　选择底面轮廓　　　选择目标体

图4-40　常规腔设置示例

三、倒斜角

1. 功能

利用【倒斜角】命令，可在面与面之间的锐边进行倒斜角，从而斜接一个或多个体的边。

2. 倒斜角类型

倒斜角包括对称倒斜角、非对称倒斜角及通过一个偏置距离和一个角度定义的倒斜角。

（1）对称倒斜角。创建简单倒斜角，在所选边的每一侧有相同的偏置距离，所获得的斜角是固定的45°。系统默认的倒斜角类型为对称倒斜角。

（2）非对称倒斜角。创建的倒斜角在所选边的每一侧有不同的偏置距离。

（3）偏置和角度。创建具有单个偏置距离和一个角度的倒斜角。

3. 命令路径

在NX软件建模功能环境下，进入【倒斜角】对话框有以下多种方法。

（1）单击【主页】选项卡【基本】组中的【倒斜角】命令按钮◈。

（2）单击【菜单】|【插入】|【细节特征】|【倒斜角】命令。

（3）在图形窗口选中实体边并右键单击，在弹出的菜单中选择【倒斜角】命令。

4. 对话框设置

通过以上任意一种方法进入【倒斜角】对话框，如图4-41所示，该对话框主要设置的内容如下。

（1）选择要倒斜角的边及倒斜角的类型与参数。单击【选择边】按钮后，在图形窗口中选择要倒斜角的边，可选择一条边或多条边。在【横截面】下拉列表中选择倒斜角的类型，并在【距离】栏中指定距离值或偏置的值。

若【横截面】下拉列表选择【对称】类型，则只需在【距离】栏中输入一个距离参数；若选择【非对称】类型，则需在【距离】栏中输入两个距离参数；若选择【偏置和角度】类型，则需在【距离】栏中指定距离参数，在【角度】栏中指定斜角的角度，单击【反向】

按钮⊠可改变倒斜角的方向。

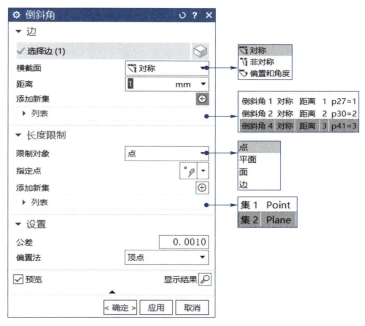

图4-41 【倒斜角】对话框

单击【添加新集】按钮⊕后，在图形窗口中选择要倒斜角的边，然后继续对该边设置倒斜角类型及参数，形成边集，在列表中显示。

（2）倒斜角的长度限制。在【限制对象】下拉列表中选择对象类型以限制倒斜角的长度，并在图形窗口选择对应的限制对象。通过点或平面对倒斜角的长度进行限制，如图4-42所示。【长度限制】选项组中的【添加新集】按钮⊕用于创建对象集以定义多个长度限制，【列表】中显示为限制倒斜角长度而创建的对象集，每个集都包含单个限制对象。

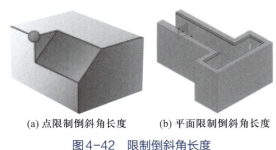

(a) 点限制倒斜角长度   (b) 平面限制倒斜角长度

图4-42 限制倒斜角长度

四、工程图剖视图

1. 功能
剖视图是对部件部分进行切割以展示其部分或全部内部特征的视图。

微视频
工程图剖视图

对于一些内部结构复杂的零件，仅通过基本视图无法清楚表达其结构时，利用【剖视图】命令，为零件添加各类剖视图，以便更清楚地表达零件内部结构。

2. 命令路径

在NX软件制图功能环境下，进入【剖视图】对话框有以下两种方法。

（1）单击【主页】选项卡【视图】组中的【剖视图】命令按钮 ⬛ 。

（2）单击【菜单】|【插入】|【视图】|【剖视图】命令。

3. 对话框设置

通过以上任意一种方法进入【剖视图】对话框，如图4-43所示，该对话框主要设置的内容如下。

首先选择剖切线并设置剖视图类型。在【剖切线】选项组的【定义】下拉列表中选择剖切线的定义方式，包括【动态】和【选择现有的】两种方式。

采用【选择现有的】方式定义剖切线，指选择现有的独立剖切线，可使用【剖切线】命令 ⬛ 提前创建独立剖切线。用【选择现有的】方式定义了剖切线后，指定视图原点即可创建出剖视图。

采用【动态】方式定义剖切线指采用交互方式创建剖切线。这些剖切线不直接与任何草图几何体关联；提供屏幕手柄，用于在创建或编辑动态剖切线时移动和删除折弯点、剖切线段和箭头点。动态定义剖切线后，在【方法】下拉列表中选择剖视图的类型，包括【简单剖/阶梯剖】、【半剖】、【旋转剖】、【点到点】等类型。

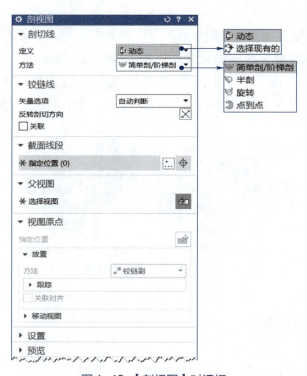

图4-43 【剖视图】对话框

（1）简单剖视图的设置。在【剖切线】选项组中，选择【动态】定义剖切线，选择【简单剖/阶梯剖】视图类型。在【铰链线】选项组的【矢量选项】下拉列表中选择定义铰链线的方法，铰链线是用于定位剖视图剖切位置的线性参考。在图形窗口将动态剖切线移至剖切位置点，选择一个点以放置剖切线符号，在视图外部拖动光标，直到视图正确定位。

（2）阶梯剖视图的设置。阶梯剖视图与简单剖视图创建过程类似。唯一的区别是，阶梯剖视图的剖切线更加复杂，需在剖切线中定义其他剖切段。在【铰链线】选项组的【矢量选项】下拉列表中选择定义铰链线的方法为【自动判断】，在图形窗口将动态剖切线移至所希望的剖切位置，选择第一点，根据需要确定剖切方向，然后右键单击并在弹出的菜单中选择【与铰链线对齐】以锁定剖视图的方向，右键单击并在弹出的菜单中选择【截面线段】，然后选择下一个用于放置剖切段的点，依次添加多个点后形成阶梯剖截面线，在图形窗口的背景中，右键单击并在弹出的菜单中选择【视图原点】，然后将光标移动到所需位置，阶梯剖视图创建完成。阶梯剖视图剖切线的设置流程如图4-44所示。

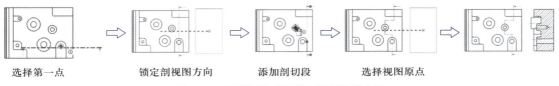

选择第一点　　　　锁定剖视图方向　　　　添加剖切段　　　　选择视图原点

图4-44　阶梯剖视图剖切线的设置流程

（3）半剖视图的设置。半剖视图所表达的部件一半被剖切，另一半未被剖切，适用于对称零件的内外结构同时表达的情况。在【剖切线】选项组中，选择【动态】定义剖切线，选择【半剖】视图类型。半剖视图剖切线的设置流程如图4-45所示，在图形窗口选择第一点定位剖切位置，再选择放置折弯的另一个点，在父视图中移动光标以确定剖切线符号的方向，最后单击以放置视图。

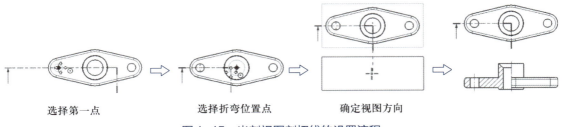

选择第一点　　　　选择折弯位置点　　　　确定视图方向

图4-45　半剖视图剖切线的设置流程

（4）旋转剖视图的设置。当部件内部结构形状用单一剖切面不能表达清楚时，可用两个或两个以上相交的剖切段剖开部件，并旋转到与基本投影面平行后进行投射，形成旋转剖视图。

在【剖切线】选项组中，选择【动态】定义剖切线，选择【旋转】视图类型。旋转视图剖切线的设置流程如图4-46所示，单击【截面线段】的【指定旋转点】，在图形窗口选择一个旋转点以放置剖切线符号，单击【指定第一支线位置】后，为第一段剖切段选择一个点，单击【指定第二支线位置】后，为第二段剖切段选择一个点，然后将视图拖动至合适位置，并单击进行放置。若剖切线由两个以上的剖切段组成，则完成上述两端剖切段的设置后，在图形窗口背景中，右键单击并在弹出的菜单中选择【添加支线二位置】，选择一个点以定义新的剖线段。剖切线全部设置完成后，右键单击并在弹出的菜单中选择【视图原点】，然后将视图拖动至合适位置，单击进行放置。

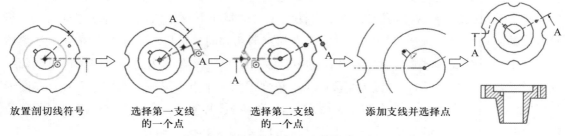

| 放置剖切线符号 | 选择第一支线的一个点 | 选择第二支线的一个点 | 添加支线并选择点 |

图4-46　旋转剖视图剖切线的设置流程

（5）点到点剖视图的设置。点到点剖视图是具有多个剖切段但没有折弯段的视图，可以创建点到点展开和折叠剖视图。

点到点展开剖视图是由父视图中通过选定点的多个剖切段生成的，且剖切段之间没有相连的折弯段，然后在剖视图中将剖切展开或展平为单个的视图平面。

点到点折叠剖视图是一张含有多个剖切段而没有折弯，且与父视图中定义的铰链线成正交对齐的视图。与点到点展开剖视图不同，点到点折叠剖视图不会将各剖切段展平到一个视图平面中。

在【剖切线】选项组中，选择【动态】定义剖切线，选择【点到点】视图类型。在【截面线段】选项组中，若勾选【创建折叠剖视图】，则将创建点到点折叠剖视图；若不勾选，则将创建点到点展开剖视图。通过在图形窗口按顺序选择剖切点即可创建点到点剖视图的剖切线。在【视图原点】组中，单击【指定位置】后，将视图拖动到图纸页上所需的位置，单击放置视图。

📖 **任务实施**

1. 换手平台上板建模设计

（1）启动NX软件，新建一个【建模】类型的文件模板，并命名为"00_换手平台上板.prt"，设置文件存放路径为"D:\model\杯垫组装站\"，单击【确定】按钮后进入建模功能环境。

（2）设置图层。

（3）创建长方体草图并拉伸实体。单击【主页】选项卡【构造】组中的【草图】命令按钮✎，进入草图功能环境，单击【主页】选项卡【曲线】组中的【矩形】、【轮廓】、【圆角】

命令及【编辑】组中的【修剪】命令创建草图，草图轮廓及尺寸如图4-47所示，单击【完成】按钮，退出草图。在建模功能环境，单击【主页】选项卡【基本】组中的【拉伸】命令按钮，在弹出的【拉伸】对话框中，选择曲线为图4-47中所创建的草图，拉伸起始距离为0，终止距离为10，所创建的拉伸实体如图4-48所示。

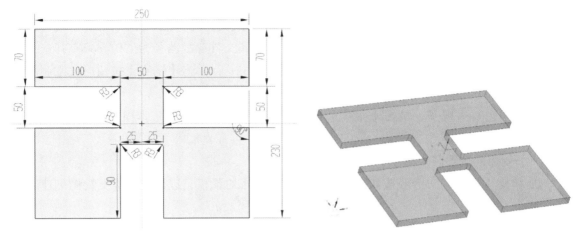

图4-47　换手平台上板草图轮廓及尺寸　　　　　　图4-48　拉伸实体

（4）创建沉头孔。分布在换手平台上板中心及四个角的沉头孔尺寸和布置位置与换手平台下板上的沉头孔一致，创建方法一致。

（5）创建梯形槽。以换手平台上板上平面为草图平面，以该平面中心为原点，绘制梯形槽草图，草图轮廓及尺寸如图4-49所示，再通过【拉伸】或者【腔】命令，对换手平台上板进行减材，形成深度为3的梯形槽。采用同样的方法或采用【镜像特征】命令，完成其余梯形槽特征的创建，完成的换手平台上板梯形槽如图4-50所示。

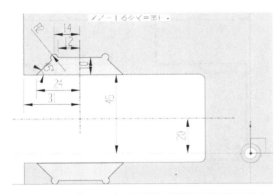
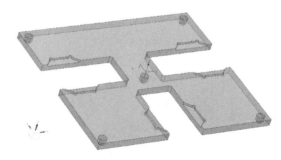

图4-49　换手平台上板梯形槽草图轮廓及尺寸　　　图4-50　换手平台上板梯形槽

（6）创建螺纹孔。单击【孔】命令，在弹出的【孔】对话框中，设置孔类型为【有螺纹】，选择M3×0.5大小的孔，【螺纹深度类型】选择【全长】，螺纹孔的定位位置参考图4-33。

（7）倒斜角。单击【主页】选项卡【基本】组中的【倒斜角】按钮，在弹出的对话框中设置【距离】为1，依次单击长方体的各条棱边为倒斜角对象，单击【确定】按钮。

（8）整理图层。将建模过程中创建的草图、辅助基准平面等移至不可见图层。

（9）保存模型文件。

2. 输出换手平台上板零件工程图

（1）新建【制图】类型的文件模板。单击【新建】命令，在【新建】对话框中单击【图纸】，【关系】选择为【引用现有部件】，设置单位为【毫米】，选择A2无视图的文件模板。将图纸文件命名为"00_换手平台上板_dwg.prt"，设置文件存放路径为"D:\model\杯垫组装站\"，选择要创建图纸的部件为"00_换手平台上板.prt"，单击【确定】按钮后进入制图功能环境。

（2）创建基本视图。单击【主页】选项卡【视图】组中的【基本视图】命令按钮，在图纸中放置俯视图。

（3）创建剖视图。

① 单击【剖视图】命令按钮，进入【剖视图】对话框，以俯视图为父视图创建阶梯剖视图。

② 在【剖切线】选项组的【定义】下拉列表中选择【动态】定义剖切线，在【方法】下拉列表中选择【简单剖/阶梯剖】剖视图类型。

③ 在【铰链线】选项组的【矢量选项】下拉列表中选择定义铰链线的方法为【自动判断】，根据阶梯剖视图剖切线的创建方法，创建如图4-52所示的剖切线及阶梯剖视图。

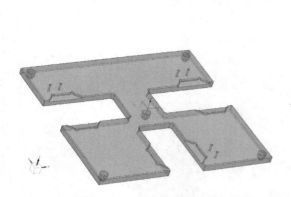

图4-51　创建螺纹孔及倒边后的换手平台上板模型

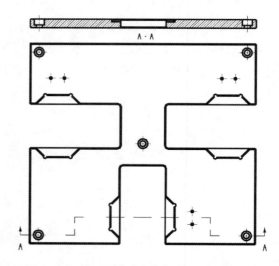

图4-52　换手平台上板剖切线及阶梯剖视图

（4）标注中心线、尺寸，如图4-53所示。

① 使用【自动中心线】命令，快速创建五个沉头孔和六个螺纹孔的中心线。

② 使用【线性尺寸】命令，标注换手平台上板的长、宽、高尺寸，标注矩形槽的长度、宽度及位置尺寸，标注梯形槽的长度、宽度、深度及位置尺寸，标注沉头孔的位置尺寸等。

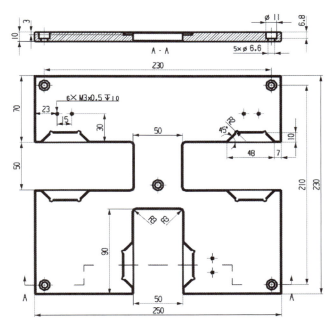

图4-53　工程图中心线及尺寸标注

③使用【径向尺寸】命令，标注沉头孔、矩形槽圆角等径向尺寸等。

④使用【孔和螺纹标注】命令，标注螺纹孔尺寸等。

（5）保存工程图图纸文件。

✏️**任务评价**

按照表4-6的要求完成本任务评价。

表 4-6　换手平台上板建模设计与工程图输出任务评价表

任务	训练内容	分值	训练要求	学生自评	教师评分
换手平台上板建模设计与工程图输出	换手平台上板建模设计	35分	（1）正确创建【建模】类型的文件模板； （2）正确使用草图、成型特征建模方法进行建模； （3）正确创建图层并合理使用图层		
	输出工程图	35分	（1）正确创建基本视图、局部视图并进行视图布局； （2）正确、完整地进行中心线及尺寸标注； （3）正确输出工程图		

任务	训练内容	分值	训练要求	学生自评	教师评分
换手平台上板建模设计与工程图输出	职业素养与创新思维	30分	（1）主动探索、善于总结、具有数字化设计思维； （2）团队合作、分组讨论、独立操作； （3）遵守纪律，遵守实验室管理制度		
			学生：　　　　　教师：　　　　　日期：		

任务三
杯垫组装站换手平台装配仿真

📋 任务描述

杯垫组装站换手平台如图4-2所示，其组件种类及数量如表4-1所示，本任务要求在NX软件装配功能环境下，创建换手平台装配体文件，一一添加各组件，并定义各组件之间的装配约束关系，完成换手平台装配仿真。

📊 任务分析

杯垫组装站换手平台中各组件之间的装配关系主要为孔轴线对齐和面接触。新建换手平台装配体文件后，添加各组件至装配组件内，以换手平台下板为固定件，采用同心约束，定义换手平台下板与平台支撑之间的装配约束，以同心约束定义平台支撑与换手平台上板之间的装配约束，以同心约束定义内六角圆柱头螺钉与换手平台上板、下板之间的装配约束。

🔗 知识链接

同心约束

1. 功能

利用【装配约束】命令中的同心约束类型，使装配中的其他组件重定位组件，约束两条圆边或椭圆边以使约束对象的中心重合并使边的平面共面。

2. 命令路径

在 NX 软件装配功能环境下，进入【装配约束】对话框有以下两种方法。

（1）单击【装配】选项卡【位置】组中的【装配约束】命令按钮 🔩。

（2）单击【菜单】|【装配】|【装配约束】命令。

3. 对话框设置

通过以上任一方法进入【装配约束】对话框，如图4-54所示。在对话框的【约束】组中选择同心约束图标 ◎，单击【要约束的几何体】组中的【选择两个对象】，在图形窗口中依次选取两组件回转体的轮廓线，即可实现两组件回转体轮廓线的中心轴线重合，并且轮廓线所在平面共面的装配约束效果。

图4-54 【装配约束】对话框

任务实施

1. 模型准备

按照表4-1中所示的换手平台组件种类进行模型准备，并将模型文件保存于"D:\model\杯垫组装站\"路径中。

2. 装配仿真

（1）启动 NX 软件，新建一个【装配】类型的文件模板，并命名为"00_换手平台.prt"，设置文件存放路径为"D:\model\杯垫组装站\"，单击【确定】按钮。

（2）添加组件至装配文件中。

① 单击【装配】|【添加组件】命令，在【添加组件】对话框中，单击【要放置的部件】选项组中的【打开】按钮 📂，在弹出的对话框中指定路径并选择"00_换手平台下板.prt"组件，单击【确定】按钮，在【数量】文本框中输入添加组件的数量。单击【位置】选项组中的【选择对象】，在图形窗口移动鼠标光标选择组件要放置的位置，单击后完成组件放置。在【放置】选项组中选择【约束】，并选择【固定约束】。在【设置】选项组中，选择【引用集】类型，在【图层选项】中设置将组件放置于装配组件中的哪个图层。

② 依次添加1个"00_换手平台上板.prt"、5个"00_换手平台支承.prt"、10个"00_内六角圆柱头螺钉M6.prt"组件至装配组件中，添加时，在【放置】选项组中选择【移动】，并且在图形窗口放置组件后，通过手柄调整组件的姿态。

（3）定义组件之间的装配约束关系。

① 定义"00_换手平台下板.prt"与"00_换手平台支承.prt"之间的装配约束。单击【装配】|【装配约束】命令，选择【同心】约束类型，依次选择换手平台下板上平面孔的边

缘轮廓线和平台支撑中心孔的边缘轮廓线，单击【应用】按钮。

②采用【同心】约束定义"00_换手平台支承.prt"与"00_换手平台上板.prt"之间的装配约束关系。

③采用【同心】约束分别定义"00_内六角圆柱头螺钉M6.prt"与"00_换手平台上板.prt"之间的装配约束关系，"00_内六角圆柱头螺钉M6.prt"与"00_换手平台支承.prt"之间的装配约束关系，"00_内六角圆柱头螺钉M6.prt"与"00_换手平台下板.prt"之间的装配约束关系。

（4）在装配导航器中检查装配约束，无误后保存装配文件。

📝 任务评价

按照表4-7的要求完成本任务评价。

表4-7 换手平台装配仿真任务评价表

任务	训练内容	分值	训练要求	学生自评	教师评分
换手平台装配仿真	换手平台装配仿真	60分	（1）正确创建【装配】类型的文件模板； （2）正确添加组件； （3）正确定义各组件之间的装配约束		
	职业素养与创新思维	40分	（1）主动探索、合理选择； （2）分组讨论、独立操作； （3）遵守纪律，遵守实验室管理制度		
			学生： 教师： 日期：		

📝 项目小结

通过本项目的学习，读者应了解了基于体素特征和成型特征的建模方法，了解了工程图中基本视图、剖视图的生成方法及标注方法。请读者进行本项目各任务的操作，为后续学习打下基础。

💭 思考与练习

（1）对换手平台中的零件进行分类，列出其中的标准件和非标准件。

（2）对比基于体素特征、成型特征的建模方法与使用草图辅助建模方法的区别有哪些？

（3）布尔运算能实现哪些功能？简述布尔运算的运算逻辑。

（4）简述工程图基本视图的作用及种类。

（5）简述工程图剖视图的作用及种类。

（6）采用草图辅助建模的方法完成换手平台上板的建模设计，并生成工程图。

（7）采用草图辅助建模的方法完成换手平台下板的建模设计，并生成工程图。

（8）采用特征建模方法完成杯垫组装站控制柜的建模设计。

（9）采用特征建模方法对杯垫组装站中的非标件进行建模设计，并完成杯垫组装站的装配仿真。

项目五
辅料装配站数据线料库建模设计与装配仿真

　　提供辅料装配站数据线料库项目非标准件中的三个典型组件的设计尺寸和设计步骤，要求按设计步骤完成设计。其余非标准组件和标准组件可以不用设计。所有组件按顺序装配，具体位置可以参考现有的装配图。装配完成后，手动编辑生成爆炸图，从而直观地展示组件之间的装配关系和装配顺序。

📋 ▌项目描述

　　辅料装配站数据线料库如图5-1所示。其主要功能是存放加热杯垫数据线，通过数据线料库的旋转、定位，将待装配的数据线旋转至待抓取位置，为机械手抓取数据线提供便利。

　　本项目要求采用特征建模方法对数据线料库中非标准组件，即数据线料库固定架、料库旋转轴和料库旋转盘进行建模设计，并完成数据线料库装配仿真。

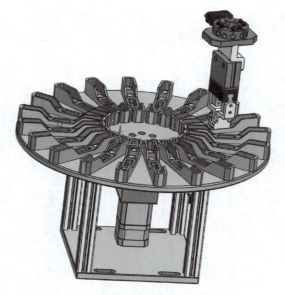

图5-1　辅料装配站数据线料库

🔗 ▌项目目标

　　➤ 知识目标：掌握成型特征建模方法，熟悉旋转特征、镜像特征和阵列特征等常用的特征建模操作命令，掌握装配约束类型。

　　➤ 能力目标：能综合运用特征建模法和特征操作对数据线料库非标准组件建模。

　　➤ 素质目标：积极寻找解决问题的最优方法，并在装配后提供爆炸图，思考数字化装配模型使用的现实场景。

数据线料库装配体模型如图5-2所示，对其组件及结构进行分析，明确该装配体模型主要结构为回转工作台，分析组成数据线料库组件的种类与数量，完成各非标准组件三维模型，并对各组件进行装配，形成数据线料库装配体模型。

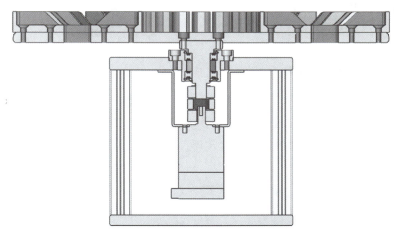

图5-2　数据线料库装配体模型

1. 数据线料库组件分析

对数据线料库组件的种类及数量进行分析，形成数据线料库装配组件列表，见表5-1。

表5-1　数据线料库装配组件列表

序号	组件名称	组件数量	序号	组件名称	组件数量
1	料库固定架	20	4	料库上板	1
2	料库旋转轴	1	5	料库下板	1
3	料库旋转盘	1			

注：仅列出非标准件，标准件如螺钉等未列出。

2. 数据线料库组件结构分析

（1）料库固定架如图5-3所示。其主结构为长方体，首先按照尺寸绘制长方体，并用【抽壳】命令将中间掏空，将中间侧面梯形槽和中间底部的矩形槽分别拉伸求差切除，用【沉头孔】命令在指定位置绘制一个孔，再利用【复制特征】命令在同侧相应位置复制出一个相同的孔；然后利用【镜像特征】命令将这两个孔镜像到另一侧；最后将该固定架所有圆角的位置分别进行【倒圆角】处理。

（2）料库旋转轴如图5-4所示。首先绘制草图，旋转草图获得基本轴模型，在大头一侧用【孔】命令创建出一个孔；再将孔特征进行圆周分布；最后使用【倒斜角】命令对各斜角边进行处理。

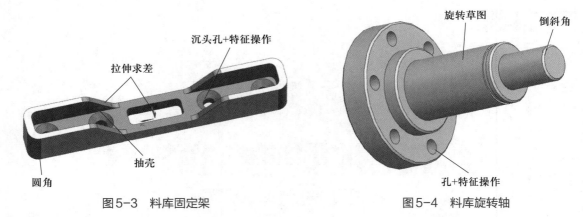

图5-3 料库固定架　　　　　　　　图5-4 料库旋转轴

（3）料库旋转盘如图5-5所示。其主体为一个圆柱体，圆周规律地分布着圆孔和方孔。先绘制一组圆孔和方孔，然后根据不同数量进行不同的圆周阵列。注意：圆孔可直接用【孔】命令创建获得，方孔用拉伸切除创建获得。

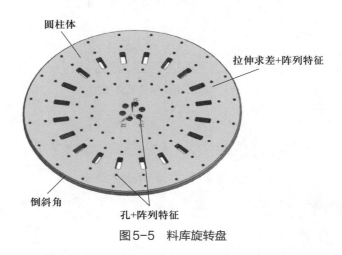

图5-5 料库旋转盘

（4）将数据线料库所有组件通过不同几何约束装配成组件，检测是否有装配干涉，并创建装配爆炸图，如图5-6所示。

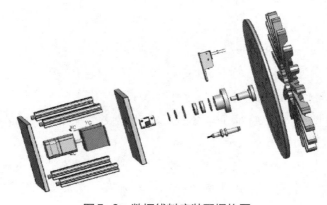

图5-6 数据线料库装配爆炸图

本项目分为三个任务：任务一 料库固定架建模设计，任务二 料库旋转轴和料库旋转盘建模设计，任务三 数据线料库装配仿真。

任务一
料库固定架建模设计

📇 任务描述

学习相关命令，按要求绘制料库固定架的三维模型。

🔍 任务分析

料库固定架组件的基本实体为长方体，可通过草图建模方法或者【块】体素特征建模方法创建长方体，然后创建【基准平面】，并完成【抽壳】，再通过【拉伸求差】得到两个梯形槽，接着使用【孔】和【特征操作】命令获得底部沉头孔和中间的方孔，最后对外围棱边进行【边倒圆】就可以完成料库固定架组件的建模，其建模思路如图5-7所示。

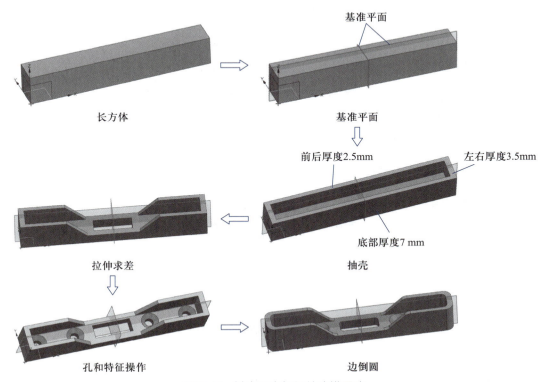

图5-7 料库固定架组件建模思路

一、抽壳

1. 功能

利用【抽壳】命令，选中实体上的面，可以将选中的面移除，没有选中的面会成型为薄壁，还可以在余下的面中针对不同的面设定不同的壁厚，从而快速获得壳体特征模型。

2. 命令路径

在NX软件建模功能环境下，进入【抽壳】命令对话框有以下两种方法。

（1）单击【主页】选项卡【基本特征】组中的【抽壳】命令按钮 ●。

（2）单击【菜单】|【插入】|【偏置缩放】|【抽壳】命令。

3. 对话框设置

通过以上任意一种方法进入【抽壳】对话框，如图5-8所示。该对话框提供打开和封闭两种方式创建抽壳特征。

(a) 打开和封闭　　(b) 显示更多选项　　(c) 指定不同厚度

图5-8 【抽壳】对话框

（1）打开。在这种方式下选择面时，选中的面会自动被移除，此处选中的面可以是一个面，也可以是几个面，没有选中的面可以设定为指定厚度的薄壁。

（2）封闭。在这种方式下选择面时，选中的面不会被自动移除，只是先选中面所在的几何体，然后将选中的几何体变成一个中空的实体。注意：此时不移除任何面，而是将所有面都形成指定厚度的薄壁中空件。

（3）更多设置。默认情况下，对话框设置显示的选项比较少，可以通过两种方式来显示更多选项。第一种方式是单击左上角的设置图标◙，在弹出的菜单中可以选择抽壳更多选项，如图5-8（b）所示。第二种方式是直接单击图5-8（b）中圈出的倒三角图标，也可以显示更多选项。

显示更多选项后，对话框会出现【交变厚度】选项组。交变厚度可以针对不同面指定不同的厚度，具体操作如下：在【交变厚度】选项组的【选择面】一栏中选择面，然后在【交变厚度】选项组的【厚度】一栏中指定厚度，该厚度要不同于常规厚度里的数值，此时在【交变厚度】选项组中没有选中的面为常规厚度，而【交变厚度】选项组中指定的面为指定的厚度。如果还有其他厚度，可以单击【添加新集】按钮，再指定一个或几个面，设定第三种厚度。不同的厚度会出现在【列表】中，在【列表】中可以编辑厚度数值，也可以新建或删除厚度。

二、边倒圆

1. 功能

利用【边倒圆】命令，可以将棱边变为圆角边。

2. 命令路径

在NX软件建模功能环境下，进入【边倒圆】对话框有以下两种方法。

（1）单击【主页】选项卡【基本】组中的【边倒圆】命令按钮◙。

（2）单击【菜单】|【插入】|【细节特征】|【边倒圆】命令。

3. 对话框设置

（1）连续性设置。通过以上任一方法进入【边倒圆】对话框。该对话框提供两种方式定义【连续性】，分别是G1（相切）和G2（曲率），如图5-9所示。圆角的两侧为直面，即曲率为0，如果是G1（相切）模式，通过曲率梳观察，两端连接处曲率从0到有是一个断崖式的连接；如果是G2（曲率）模式，两端连接处曲率从0到有是平稳过渡的连接。因此在边缘连接要求更高时，选择G2（曲率）效果更好。

（2）形状设置。在【形状】栏中有圆形和二次曲线两种选择。若选择圆形，则表明横截面是曲率相同的圆形；若选择二次曲线，则横截面就是曲率有变化的二次曲线。具体的曲率半径数值可以在对话框中来设置。二次曲率的横截面圆角应用在产品外观设计时会更加生动，如图5-10所示。

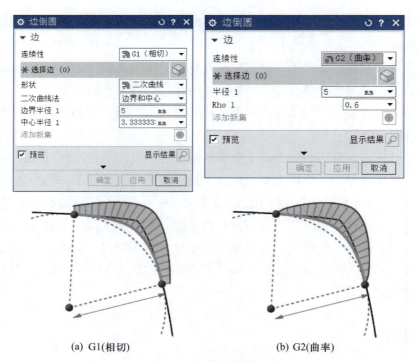

(a) G1(相切)　　　　　　　　(b) G2(曲率)

图5-9　连续性设置

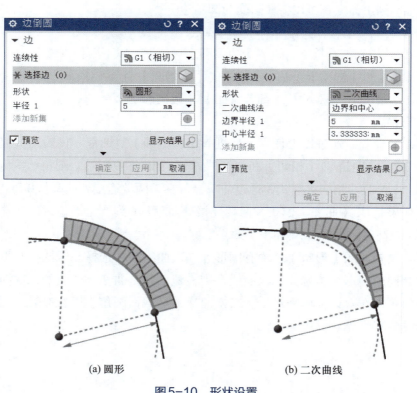

(a) 圆形　　　　　　　　(b) 二次曲线

图5-10　形状设置

（3）更多设置。单击【边倒圆】对话框下面的倒三角或者单击左上角的齿轮图标选择更多，可以看到【边倒圆更多】的选项，具体如下。

①【变半径】：在同一条棱边上可以设置不同的半径值。选择一个点，输入一个半径值，依次累加，选择多个点就输入多个半径值，这样创建的变半径圆角比较生动，如图5-11（a）所示，在设计产品外观时经常使用。

②【拐角倒角】：可让三条边汇合的拐角处呈现生动的变化。先选择三边汇合点，然后分别设置三个半径值，此时汇合的拐角处不是一个固定值的球面，而是更丰富的三个半径值的曲面，如图5-11（b）所示。

③【拐角突然停止】：选择一条边的局部做圆角。可以用比例或者长度控制一条边上的一部分做圆角，另一部分保持尖角棱边状态，如图5-11（c）所示。

(a) 变半径   (b) 拐角倒角   (c) 拐角突然停止

图5-11 【边倒圆更多】选项设置

此外，还有其他四类圆角选项，可以形成不同的圆角样式，具体如图5-12所示。

（1）【跨光顺边滚动】：当圆角遇到光顺面时，会直接沿着光顺面延伸过去。

（2）【沿边滚动】：当圆角遇到侧面时，会沿着边滚动，半径会有相应的变化。

（3）【修剪圆角】：当圆角遇到相邻面时，半径不会变化，圆角面会被修剪。

（4）【修补混合凸度拐角】：主要用在两个圆角汇合处，没有勾选该选项时，两个圆角汇合为一个尖角，而勾选后会变成两条平线。

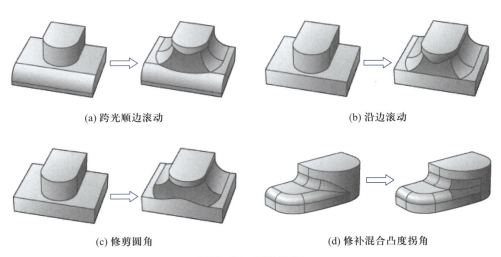

(a) 跨光顺边滚动   (b) 沿边滚动

(c) 修剪圆角   (d) 修补混合凸度拐角

图5-12 圆角选项

三、镜像特征

1. 功能

利用【镜像特征】命令，可以将特征沿着指定平面做镜像复制，以简化对称特征的建模操作。

2. 命令路径

在NX软件建模功能环境下，进入【镜像特征】对话框有以下两种方法。

（1）单击【主页】选项卡【基本】组中的【镜像特征】命令按钮🔘。

（2）单击【菜单】|【插入】|【关联复制】|【镜像特征】命令。

3. 对话框设置

通过以上任意一种方法进入【镜像特征】对话框，首先选择要镜像的特征，然后选择镜像平面，单击【确定】按钮后，即可完成简单的镜像特征操作。该对话框也可以点开更多的选项，包括以下几个选项。

【参考点】：通常是默认的，也可以用户指定，镜像时可以通过观察参考点检查镜像位置和效果是否合适，主要以用户观察方便为原则。

【源特征的可重用引用】：该命令可以将源特征里的部分约束特征带入镜像中，使得镜像特征后的实际形状可以与源特征有所区别，但是能够延续以前的约束特征。此处通过一个示例进行说明，如图5-13所示。做一个拉伸特征，特征草图是一个腰形孔，腰形孔上面的圆弧和上面的斜线相切，在镜像特征时将【源特征的可重用引用】下的选项全部选中，最后获得的效果是镜像后的特征与原腰形孔形状不同，但镜像后的腰形孔圆弧依然和斜线保持相切关系。此功能用在不要求形状和源特征相同，而约束条件和源特征相同的情况。

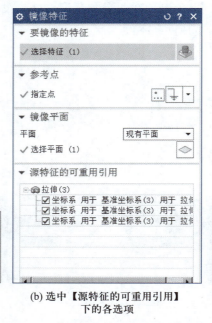

| (a) 做一个拉伸特征，设置上面的圆弧和上面的斜线相切 | (b) 选中【源特征的可重用引用】下的各选项 | (c) 镜像特征后发现镜像后特征上面的圆弧和斜线依然保持相切 |

图5-13 【源特征的可重用引用】示例

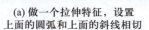

【保持螺纹的旋向】：只针对【螺纹】特征操作，当对右旋螺纹孔做镜像时，如果不希望螺纹的旋向发生变化，即依然保持右旋，将【保持螺纹的旋向】选项选中即可。在没有选中【螺纹】特征时，这个选项保持灰色，当选中【螺纹】特征时，才会变成黑色，成为可选状态。

四、阵列特征

1. 功能

利用【阵列特征】命令，可以将特征沿着矩形或圆形等特定的规律做阵列。

2. 命令路径

在NX软件建模功能环境下，进入【阵列特征】对话框有以下两种方法。

（1）单击【主页】选项卡【基本】组中的【阵列特征】命令按钮◈。

（2）单击【菜单】|【插入】|【关联复制】|【阵列特征】命令。

3. 对话框设置

首先选择【需要阵列的特征】，再选择【参考点】。阵列操作时，可以用【参考点】代替具体的特征形状，观察阵列的规律是否满足设计要求。在阵列定义中有多个阵列形式可以选择，不同的阵列形式如图5-14所示，其中【线性】和【圆形】用得最多。

 使用一个或两个线性方向定义布局。

(a)【线性】——矩形阵列

 使用旋转轴和可选的径向间距参数定义布局。

(b)【圆形】——圆形阵列

 使用正多边形和可选的径向间距参数定义布局。

(c)【多边形】——沿多边形周边均布

使用平面螺旋路径定义布局。

(d)【螺旋】——沿平面螺旋线均布

 定义一个布局，该布局遵循一个连续的曲线链和可选的第二曲线链或矢量。

(e)【沿】——沿着选择的曲线均布

 使用一个或多个目标点或者坐标系定义的位置来定义布局。

(f)【常规】——通过一个点到多个点，实现复制

使用现有阵列的定义来定义布局。

(g)【参考】——根据另外一个现有阵列来阵列

 使用螺旋路径定义布局。

(h)【螺旋】——根据具体螺旋线来排列

图5-14　不同的阵列形式

（1）【线性】——矩形阵列。当布局类型选线性时，先选择方向1，而方向2是可被勾选的，如果不选，则默认按方向1进行线性阵列；如果同时选择方向1和方向2，则按两个方向进行矩形阵列，方向1和方向2不要求垂直关系。每个方向上进行排列时要有一定的间距，间距的形式有【数量和间距】、【数量和跨距】、【间距和跨距和列表】三类，按照实际设计要求选择间距形式，方便设计者快速完成相同特征的均布设计，不用过多的计算。

（2）【圆形】——圆形阵列。在圆形阵列中，首先选择旋转轴，如果没有现成的旋转轴，可以选择圆柱面，或用矢量和点组成虚拟轴的方法来定义。间距的形式和线性阵列一样，有【数量和间距】、【数量和跨距】、【间距和跨距和列表】，只是此处用间隔角度代替间隔距离。

（3）【多边形】——沿多边形周边均布。多边形阵列可以使特征按一个多边形周长均布，需要指定多边形的边数。间距类型可以选每边数目，即一条边上有几个均布特征，或者选沿边节距，此处用距离来定义沿多边形的分布间隔。跨距一般为360°，表示均布范围为一整个多边形。

（4）【螺旋】——沿平面螺旋线均布。螺旋阵列首先指定平面方向，确定一个平面，其次根据方向、圈数、径向节距、螺旋向节距和参考矢量等参数产生一个平面的螺旋线，最后将特征按照螺旋向节距的间隔在平面螺旋线上均布。

（5）【沿】——沿着选择的曲线均布。该形式首先选择一个特征，再选择一条曲线，设置好数量和跨距，让特征沿曲线均布即可。跨距可选择一整条曲线，也可以选择曲线的一部分。

（6）【常规】——通过点到多个点，实现复制。该形式可以理解为点到点的复制，通过选择多个点，实现快捷的多次复制。

（7）【参考】——参考另外一个现有的阵列来阵列。可以将已有的阵列规律套用在新的特征中，并且可以指定新特征对应原阵列中的某个具体特征，选择新特征对应原阵列中的第二个孔，新的阵列产生后，选择的新特征也将位于新阵列的第二个位置。

（8）【螺旋】——根据具体螺旋线来排列。立体螺旋阵列和螺旋阵列不同，但该形式是沿立体螺旋线做阵列分布。设置时需设定旋向、数量和相邻特征间旋转的角度，以及螺旋线中心轴的距离偏差值[图5-15（h）中为Z轴距离偏差值]。

不同的阵列形式效果如图5-15所示。

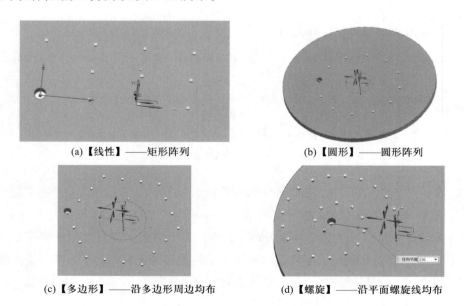

(a)【线性】——矩形阵列

(b)【圆形】——圆形阵列

(c)【多边形】——沿多边形周边均布

(d)【螺旋】——沿平面螺旋线均布

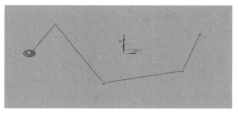

(e)【沿】——沿着选择的曲线均布　　　(f)【常规】——通过一个点到多个点，实现复制

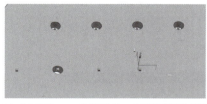

(g)【参考】——参考另外一个现有阵列来阵列　　(h)【螺旋】——根据具体螺旋线来排列

图5-15　不同阵列形式的效果

任务实施

（1）启动NX软件，新建一个【建模】类型的文件模板，并命名为"料库固定架.prt"，设置文件存放路径为"D:\model\数据线料库\"，单击【确定】按钮后进入建模功能环境。

（2）设置图层。

（3）创建长方体。单击【主页】选项卡【设计特征】组中的【块】命令按钮，在弹出的【块】对话框中，选择【原点和边长】创建方式，指定原点为坐标系原点，输入【长度】、【宽度】和【高度】尺寸分别为120 mm、17 mm、20 mm，其余使用系统默认设置，单击【确定】按钮，创建的长方体如图5-16所示。

（4）创建基准平面。选择【二等分】创建方法，分别选取长方体的左右平面为第一平面和第二平面，单击【确定】按钮，完成基准平面1的创建。按照同样的步骤，以长方体的前后两平面为第一平面和第二平面，完成基准平面2的创建。创建的两个基准平面如图5-17所示。

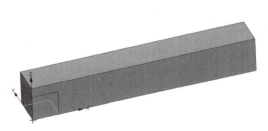

图5-16　创建长方体

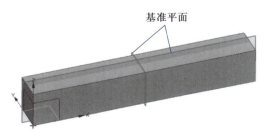

图5-17　创建的两个基准平面

（5）抽壳。

① 创建尺寸为 113 mm × 12 mm × 13 mm 的槽。单击【主页】选项卡【基本】组中的【抽壳】命令按钮 ，选中组件上表面，此时类型是【打开】方式，将【厚度】栏中数值修改为2.5 mm，此时未选中的面都形成2.5 mm 厚度的薄壁。将鼠标光标移到抽壳命令框的右上角，单击右上角的齿轮图案 ⚙，在弹出的菜单中选择【抽壳（更多）】，此时会出现一个【交变厚度】选项组，单击三角形按键 ▶ 将其展开，并将列表也一起展开。单击【交变厚度】选项组下的【选择面】，选择组件底面，将【厚度1】修改为 7 mm，单击【确定】按钮。然后单击【添加新集】右侧 "+" 加号，选择两侧面，将厚度修改为3.5 mm，单击【确定】按钮，具体如图5-18所示。

(a) 抽壳移除上表面的默认厚度为2.5 mm

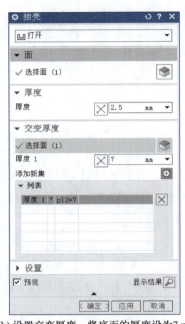

(b) 设置交变厚度，将底面的厚度设为7 mm

(c) 添加新集，将左右两侧面的
厚度修改为3.5 mm

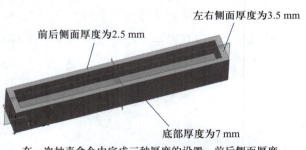

(d) 抽壳，不同的厚度设置

在一次抽壳命令中完成三种厚度的设置，前后侧面厚度为2.5 mm，左右侧面厚度为3.5 mm，底面厚度为7 mm

图5-18　创建尺寸为 113 mm × 12 mm × 13 mm 的槽

② 创建侧面尺寸为60 mm×34 mm×13 mm的梯形槽（前后贯通）。单击【主页】选项卡【基本】组中的【拉伸】命令，选择侧面，在草图中绘制上边为63 mm、下边为34 mm、高度为13 mm的梯形。注意：草图中间对称，梯形的上边和组件上边平齐，完成草图后，前后贯通【拉伸求差】，效果如图5-19所示。

图5-19　侧面创建尺寸为60 mm×34 mm×13 mm的梯形槽

③ 底部居中绘制一个25 mm×9 mm的矩形槽，上下贯通。单击【主页】选项卡【基本】组中的【拉伸】命令，选择底面，居中绘制一个长度为25 mm、宽度为9 mm的矩形，完成草图后，拉伸上下贯通，单击【确定】按钮，效果如图5-20所示。

图5-20　底面居中创建尺寸为25 mm×9 mm的矩形槽

（6）创建埋头孔。

① 单击【主页】选项卡【基本】组中的【孔】命令按钮🔲，在弹出的【孔】对话框中选择【埋头】类型，在【形状】选项组中将【孔径】、【埋头直径】、【埋头角度】参数设定为5.5 mm、11.2 mm、90°。单击【指定点】按钮🔲，在弹出的【创建草图】对话框中选择【基于平面】方式，选择长方体的下表面为草图平面，此操作表示为孔特征选择放置平面。在【位置】选项组【指定点】处选择绘制截面。修改孔的位置尺寸，使孔水平方向到中心距离为25 mm，上下居中，单击【完成】按钮🔲退出草图，返回至【孔】对话框，选择【孔方向】为【垂直于面】，选择【深度限制】为【贯通体】，选中【预览】，查看埋头孔预览结果，无误后单击【确定】按钮。创建埋头孔如图5-21所示。

② 创建埋头孔的镜像特征。单击【主页】选项卡【基本】组中的【阵列特征】🔲命令按钮，在弹出的【阵列特征】对话框中设置【布局】为线性，【方向1】选项组中【指定矢量】为X轴，【数量】为2，【间隔】设置为25 mm，如图5-22（a）所示，单击【确定】按钮后效果如图5-22（b）所示。用阵列特征选择两个孔，镜像平面选择中间竖直基准面，这样就可以将右边两个孔镜像复制到左边，设置如图5-22（c）所示，单击【确定】按钮后，效果如图5-22（d）所示。

（7）创建圆角。单击【主页】选项卡【基本】组中的【边倒圆】🔲命令，抽壳内部圆角为R3，矩形方孔四角为R2，其余圆角均设置为R5，具体效果如图5-23所示。

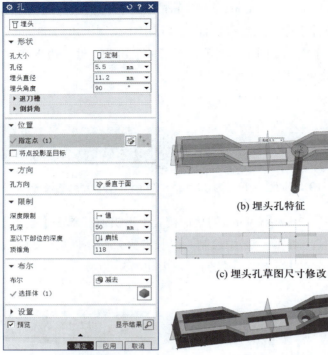

(a) 埋头孔参数设置   (b) 埋头孔特征

(c) 埋头孔草图尺寸修改

(d) 埋头孔三维效果

图 5-21　创建埋头孔

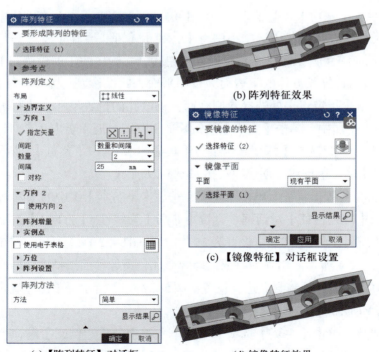

(a)【阵列特征】对话框   (b) 阵列特征效果

(c)【镜像特征】对话框设置

(d) 镜像特征效果

图 5-22　阵列埋头孔和镜像埋头孔特征

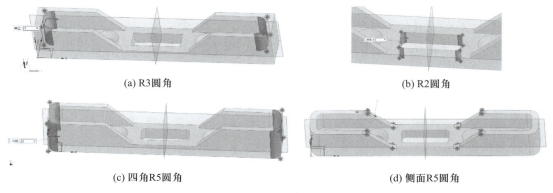

(a) R3圆角   (b) R2圆角

(c) 四角R5圆角   (d) 侧面R5圆角

图5-23　圆角效果

（8）料库固定架的最终效果如图5-24所示。单击左上角保存按钮 ，将文件保存在"D:\model\数据线料库\"路径下，装配仿真时选择此路径进行组件调用。

图5-24　料库固定架最终效果

任务评价

按照表5-2的要求完成本任务评价。

表5-2　料库固定架建模设计任务评价表

任务	训练内容	分值	训练要求	学生自评	教师评分
料库固定架建模设计	掌握抽壳、边倒圆、镜像特征、阵列特征命令	35分	（1）正确创建这些基本命令的简单范例； （2）正确选择不同实物场景来实施命令中不同的模式		
	完成料库固定架建模	35分	（1）正确按步骤完成料库固定架建模； （2）按要求标注尺寸，顺便核对尺寸是否符合要求		
	职业素养与创新思维	30分	（1）积极思考、举一反三； （2）分组讨论、独立操作； （3）遵守纪律，遵守实验室管理制度		
	学生：		教师：	日期：	

任务二
料库旋转轴和料库旋转盘建模设计

📖 任务描述

在NX软件建模功能环境下，使用基于草图建模和成型特征建模方法，创建料库旋转轴和料库旋转盘的实体模型。

📋 任务分析

首先对料库旋转轴进行设计分析，通过轴系零件的结构对料库旋转轴进行理论解读。

在NX软件中创建料库旋转轴实体模型的基本步骤：先创建一个圆柱体；在圆柱体上再依次叠加三个小的圆柱体；做出一个圆柱矩形截面槽；做一个直径4.2 mm的孔；将孔做圆形阵列；将五条边做倒角处理。料库旋转轴实体建模思路如图5-25所示。

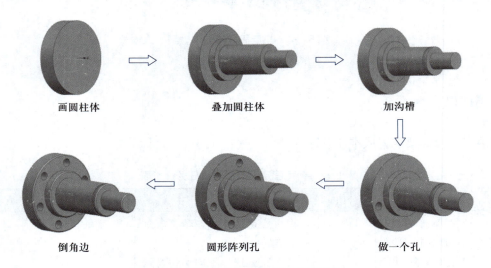

画圆柱体　　　　　　　叠加圆柱体　　　　　　　加沟槽

倒角边　　　　　　　圆形阵列孔　　　　　　　做一个孔

图5-25　料库旋转轴实体建模思路

在NX软件中创建料库旋转盘实体模型的基本步骤：先创建一个圆柱体；然后在圆柱体上画沉头孔并做圆周6等分均布的阵列；做出一系列槽孔；将这一系列槽孔做圆周20等分均布的阵列；在反面中心处做盲孔。料库旋转盘实体建模思路如图5-26所示。

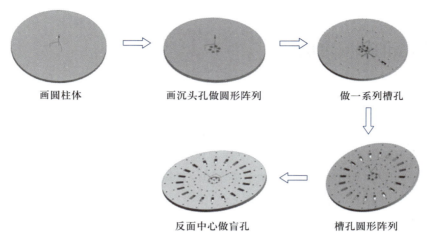

画圆柱体   画沉头孔做圆形阵列   做一系列槽孔

反面中心做盲孔   槽孔圆形阵列

图5-26　料库旋转盘实体建模思路

知识链接

一、轴系零件结构设计

1. 轴的强度计算

根据机械设计手册，选择轴的材质和热处理方式，查出轴的强度参数。根据扭转强度估算轴的直径。

2. 确定轴上零件在轴上的定位方式以及轴固定在箱体上的方式

（1）轴上零件在轴上的定位方式有轴肩与轴环定位、套筒定位、圆螺母定位和弹性挡圈定位等。本任务采用通过圆柱面配合，轴肩定位和螺栓紧固的方法。

（2）轴固定在箱体上的方式，本任务选择常用的两端双轴承支撑，轴承的内外圈都用轴肩和卡簧定位。

3. 轴系零件的良好的工艺性和经济性

（1）要求零件外形易于加工，车削加工时尽量减少调头。轴上和轴承配合部分要做热处理后的磨削加工，注意：在有轴肩的一侧应留有磨削避让用的退刀槽。

（2）经济性通常和精度、加工工艺有关，以满足要求为前提，尺寸精度尽量选择合适的公差，一般通过机械设计手册来进行查询。

二、轴系的周向定位

轴系运转时，为了传递转矩或避免与轴发生相对转动，零件在轴上应周向固定。轴上零件的周向定位方法主要有键连接（平键、半圆键、楔键等）、花键连接、弹性环连接、过盈配合连接、销连接、成型连接和螺纹连接等。根据机械设计手册，在安装轴承处配合多为H7/k6，轴承内圈与轴的配合采用基孔制，轴的尺寸公差为k6。

三、轴系的轴向定位

常见的轴向定位方式有以下两种。

1. 双支承固定式

利用轴肩和端盖的挡肩单向固定轴承内、外圈，每一个支承只能限制单方向移动，两个支承共同防止轴的双向移动。简单来说就是作为支承的两个轴承都被完全固定，这种方式主要用在两个对称布置的角接触球轴承或圆锥滚珠轴承的情况。

2. 单支承固定式（一端固定，一端游动）

对于工作温度较高的长轴，受热后伸长量比较大，应该采用一端固定，而另一端游动的支承结构。

四、轴系的调整

1. 轴承游隙的调整

恰当的轴承游隙是维持良好润滑的必要条件。一些轴承在制造时已确定了游隙；一些轴承装配时通过移动轴承套圈位置来调整游隙。移动轴承套圈，调整轴承游隙的方法有以下四种。

（1）用增减轴承盖与机座间垫片厚度进行调整。

（2）用调整螺钉压紧或放松压盖使轴承外圈移动进行调整。

（3）用带螺纹的端盖调整。

（4）用圆螺母调整轴承。

2. 轴系位置的调整

在初始安装或工作一段时间后，轴系的位置和预定位置可能会出现一些偏差，为使轴上零件具有准确的工作位置，应用增加垫片的方法对轴系位置进行调整。

轴和轴上其他零件的具体装配位置如图5-27所示。

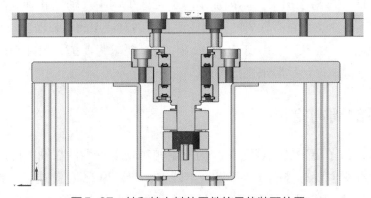

图5-27　轴和轴上其他零件的具体装配位置

 **任务实施**

微视频
料库旋转轴和料
库旋转盘建模

1. 料库旋转轴设计

（1）启动 NX 软件，新建一个【建模】类型的文件模板，并命名为"料库旋转轴.prt"，设置文件存放路径为"D:\model\数据线料库\"，单击【确定】按钮后进入建模功能环境。

（2）设置图层。

（3）创建一个圆柱体。单击【菜单】|【插入】|【设计特征】|【圆柱体】命令按钮 🗄，选择【轴、直径和高度】模式，先指定轴的矢量为Z轴，指定点为【0，0，0】，直径为40 mm，高度为8 mm。单击【应用】按钮，创建一个底面圆心位置为【0，0，0】，矢量指向Z轴的圆柱体，如图5-28（a）所示。

(a) φ40 mm×8 mm圆柱体

(b) φ24 mm×4 mm圆柱体

(c) φ17 mm×29 mm圆柱体

(d) φ10 mm×25 mm圆柱体

图5-28　四个圆柱体

任务二　料库旋转轴和料库旋转盘建模设计

137

（4）创建其他圆柱体，如图5-28（b）~（d）所示，此时矢量依然为Z轴，指定点时，选择步骤（3）创建圆柱体的上表面的圆心点，将新圆柱体叠加到已有的圆柱体上，依次叠加三个，尺寸分别为$\phi24$ mm×4 mm，$\phi17$ mm×29 mm，$\phi10$ mm×25 mm。注意：创建后面三个圆柱体时，指定点应改为圆心捕捉模式，选择上表面的圆即可选中上表面的圆心位置，布尔运算也须改为合并。

（5）创建圆柱矩形槽。单击【菜单】|【插入】|【设计特征】|【槽】命令按钮🔘，选择矩形，此处的矩形是指横截面的槽形。选择$\phi17$ mm的圆柱面，设定槽直径为16.2 mm，宽度为1.15 mm，确定槽的形状，然后确定槽的位置尺寸。操作时，先选中$\phi17$ mm圆柱面的上表面圆，再选择槽的上表面圆，指定两圆之间位置距离为1.55 mm，具体如图5-29所示。

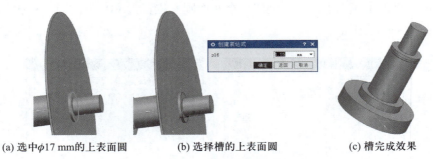

(a) 选中$\phi17$ mm的上表面圆　　(b) 选择槽的上表面圆　　(c) 槽完成效果

图5-29　确定槽的位置尺寸

（6）在$\phi40$ mm圆柱体的端面距离中心16 mm处打一个$\phi4.2$ mm的孔。单击【主页】选项卡【基本】组中的【孔】命令按钮🔷，选中底部端面，将选择孔类型为【简单】，孔径设置为4.2 mm。双击编辑孔中心到Y轴的距离修改为0，双击编辑孔中心到圆柱中心的距离为16 mm，如图5-30（a）所示。

（7）通过圆形阵列，将孔按圆周6等分均布。单击【主页】选项卡【基本】组中的【阵列特征】命令按钮🔷，选择$\phi4.2$ mm孔，在【阵列定义】中将【布局】形式改为圆形，【旋转轴】选择圆柱面，该操作表示选择圆柱面的中心轴为旋转轴；【间距】类型选择数量和跨距，【数量】设为6，【跨距】设为360°，表示在360°圆周按6等分均布的规律分布$\phi4.2$ mm的孔，单击【确定】按钮，效果如图5-30（b）所示。

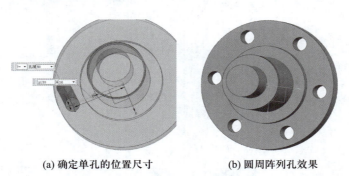

(a) 确定单孔的位置尺寸　　　　(b) 圆周阵列孔效果

图5-30　确定孔的位置尺寸

项目五　辅料装配站数据线料库建模设计与装配仿真

（8）倒角。单击【主页】选项卡【基本】组中的【倒斜角】命令按钮，如图5-31所示，选择要倒角的棱边，设置倒角参数后，获得料库旋转轴模型。

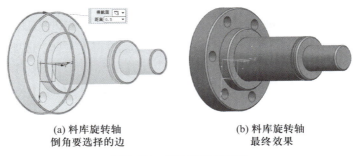

(a) 料库旋转轴 倒角要选择的边

(b) 料库旋转轴 最终效果

图5-31　料库旋转轴倒角

2. 料库旋转盘设计

（1）启动 NX 软件，新建一个【建模】类型的文件模板，并命名为"料库旋转盘 .prt"，设置文件存放路径为"D:\model\数据线料库\"，单击【确定】按钮后进入建模功能环境。

（2）设置图层。

（3）创建一个圆柱体。单击【菜单】|【插入】|【设计特征】|【圆柱体】命令按钮，选择【轴、直径和高度】模式，先指定轴的矢量为Z轴，指定点为【0，0，0】，直径为350 mm，高度为10 mm，如图5-32（a）所示，单击【确定】按钮后，创建底面圆心位置为【0，0，0】，矢量指向Z轴的圆柱体，如图5-32（b）所示。

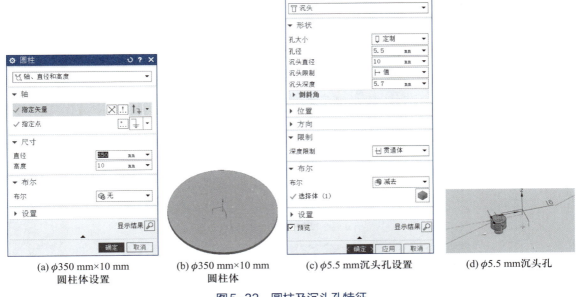

(a) φ350 mm×10 mm 圆柱体设置

(b) φ350 mm×10 mm 圆柱体

(c) φ5.5 mm沉头孔设置

(d) φ5.5 mm沉头孔

图5-32　圆柱及沉头孔特征

（4）在 φ350 mm 圆柱体的端面创建一个基本尺寸 φ5.5 mm、沉头尺寸 φ10 mm、沉头深度为 5.7 mm 的沉头通孔，将孔定位在X轴上，到圆柱中心距离为16mm。单击【主页】选项卡【基本】组中的【孔】命令按钮⬛，选中底部端面（注意：将选择点靠近X轴的位置），将【孔类型】选择沉头，【孔径】改为5.5 mm，【沉头直径】设为10 mm，【沉头深度】设为5.7 mm，基本孔的【深度限制】选择为贯通体，孔的设置如图5-32（b）所示，孔的效果如图5-32（d）所示，双击编辑孔中心到X轴的距离为0，双击编辑孔中心到圆柱中心的距离为16 mm。

（5）通过圆形阵列将ϕ5.5沉头孔按圆周6等分均布。单击【主页】选项卡【基本】组中的【阵列特征】命令按钮🐛，选择ϕ5.5 mm的沉头孔，在【阵列定义】中将【布局】设置改为圆形，【旋转轴】选择圆柱面，【间距】类型选择【数量和跨距】，【数量】设为6，【跨距】设为360°，设置如图5-33（a）所示，单击【确定】按钮，实际阵列效果如图5-33（b）所示。

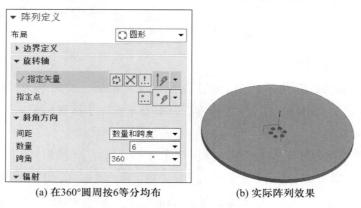

(a) 在360°圆周按6等分均布   (b) 实际阵列效果

图5-33　确定沉头孔的位置尺寸

（6）依然在X轴一侧拉伸出一系列的孔和矩形槽。单击【主页】选项卡【基本】组中的【拉伸】命令按钮⬛，选中圆柱端面，① 在草图中沿X轴方向绘制一个ϕ4.2 mm的圆，圆心在X轴上，到圆柱中心距离为65 mm；② 沿着X轴向右移动25 mm的位置绘制第二圆；③ 右移12.5 mm的距离，绘制一个长度为25 mm，宽度为9 mm的矩形；④ 相隔12.5 mm绘制第三个圆；⑤ 相隔25 mm绘制第四个圆。注意：四个圆的直径均为ϕ4.2 mm，所有圆的位置均通过圆心确定，圆心均在X轴上，矩形也按照X轴对称，具体如图5-34所示。

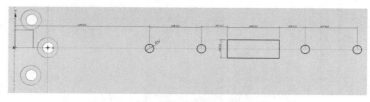

(a) 圆心和矩形草图位置尺寸

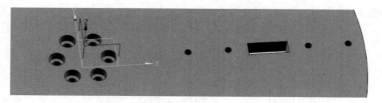

(b) 最终立体效果

图5-34　确定孔和矩形槽的位置尺寸

（7）矩形槽的四条侧边做R2圆角。单击【主页】选项卡【基本】组中的【边倒圆】命令按钮🔘，选择矩形槽内部的四条侧边，具体如图5-35（a）所示，选择圆角尺寸为2 mm。

（8）φ350 mm的圆柱体上下边倒角，倒角尺寸为2×45°。单击【主页】选项卡【基本】组中的【倒斜角】命令按钮🔘，选择圆柱体上下边，如图5-35（b）所示。

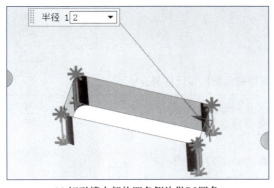
(a) 矩形槽内部的四条侧边做R2圆角

(b) φ350 mm的圆柱体上下边倒角

图5-35　圆角和倒角的细节特征

（9）通过圆形阵列将一系列孔和矩形槽按圆周20等分均布。单击【主页】选项卡【基本】组中的【阵列特征】命令按钮🔘，如图5-36（a）所示，选择拉伸和矩形槽上的圆角两个特征，在【阵列定义】中将【布局】选择为圆形，【旋转轴】选择圆柱面，【间距】类型选择【数量和跨度】，【数量】设为20，【跨角】设为360°，表明在360°圆周按20等分均布的规律分布，显示如图5-36（b）所示，单击【确定】按钮，效果如图5-36（c）所示。

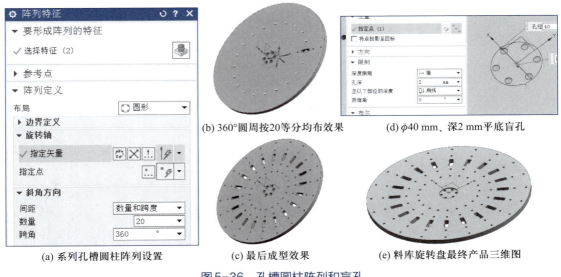
(a) 系列孔槽圆柱阵列设置　　(b) 360°圆周按20等分均布效果　　(d) φ40 mm、深2 mm平底盲孔

(c) 最后成型效果　　(e) 料库旋转盘最终产品三维图

图5-36　孔槽圆柱阵列和盲孔

（10）观察中间6个沉头孔，在沉头孔的反面做φ40 mm、深2mm的平底盲孔。单击【主页】选项卡【基本】组中的【孔】命令按钮🔘，选中端面圆心，如图5-36（d）所示，

将孔类型选择【简单】,【孔径】改为40,【深度限制】改为值,【孔深】设为2 mm,【至以下部位的深度】设为肩线,【顶锥角】设为0,单击【确定】按钮,最终产品三维图如图5-36（e）所示。

📝 任务评价

按照表5-3的要求完成本任务评价。

表 5-3　料库旋转轴和料库旋转盘建模设计任务评价表

任务	训练内容	分值	训练要求	学生自评	教师评分
料库旋转轴和料库旋转盘建模设计	灵活操作圆柱体、拉伸、孔和阵列特征命令	35分	（1）正确创建这些基本命令的简单范例； （2）正确选择不同实物场景来实施命令中不同的模式		
	料库旋转盘和料库旋转轴实体建模	35分	（1）正确按步骤完成料库旋转盘和料库旋转轴立体建模； （2）按要求标注尺寸，顺便核对尺寸是否符合要求		
	职业素养与创新思维	30分	（1）合理设计、全面思考； （2）分组讨论、独立操作； （3）遵守纪律，遵守实验室管理制度		
学生：			教师：		日期：

任务三

数据线料库装配仿真

🖥️ 任务描述

将数据线料库装配所用的组件全部存放在路径"D:\model\数据线料库\"下。本任务的主要内容是在NX软件中，使用装配几何约束将现有的组件装配成数据线料库装配体模型。装配完后进行装配干涉检测，并创建装配爆炸图。

🖐️ 任务分析

装配数据线料库前，先清点数据线料库文件夹下组件清单，如图5-37（a）所示。数据线料库整体效果图如图5-37（b）所示。

(a) 数据线料库所有装配组件明细

(b) 整体效果图

图5-37　数据线料库所有装配组件明细及整体效果图

　　装配过程基本步骤如下：添加料库旋转盘；添加料库旋转轴；添加料库固定架，并阵列20个；添加轴承（00-_BAY6903ZZ-002）；添加轴承座（00-_BFP02-6903ZZ-L30）；添加另1个轴承、2个外卡簧（00-_BFP-1-30）；添加铜垫圈和轴用弹性挡圈A型17；添加梅花型顶丝式联轴器（CPPL25-8-10）和电动机；添加步进电动机架和料库上板；添加四根铝型材和料库下板；添加传感器组件（00-IME12-##N###W#S-S249933）和4个内六角圆柱头螺钉M6；添加数据线料库电容传感器固定板、电容传感器（00-GTB2S-P1331）、2个内六角圆柱头螺钉M4和2个内六角圆柱头螺钉M3，具体组装顺序如图5-38所示。

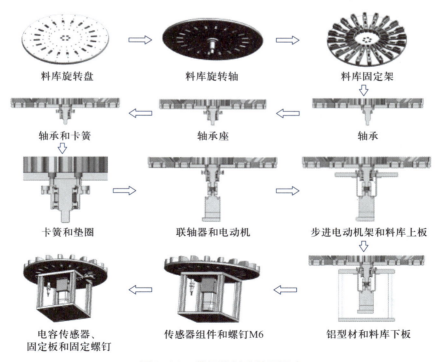

料库旋转盘　　　　　料库旋转轴　　　　　料库固定架

轴承和卡簧　　　　　轴承座　　　　　　　轴承

卡簧和垫圈　　　　　联轴器和电动机　　　步进电动机架和料库上板

电容传感器、　　　　传感器组件和螺钉M6　铝型材和料库下板
固定板和固定螺钉

图5-38　数据线料库装配顺序

 知识链接

一、平行约束

1. 功能

利用【装配约束】命令中的平行约束类型，使装配中的其他组件重定位组件，约束两个组件指定的平面平行，此处注意平行时两个平面的矢量有相同或相反两种可能。

2. 命令路径

在 NX 软件装配功能环境下，进入【装配约束】对话框有以下两种方法。

（1）单击【装配】选项卡【位置】组中的【装配约束】命令按钮 。

（2）单击【菜单】|【装配】|【装配约束】命令。

3. 对话框设置

通过以上任意一种方法进入【装配约束】对话框，如图5-39所示。在该对话框的【约束】选项组中选择平行约束图标 ，如图5-39（a）所示，单击【要约束的几何体】选项组中的【选择两个对象】，在图形窗口中依次选取两组件的平面，即可实现两组件平面平行的效果。平行约束时，两个平面的矢量有两种可能：相同或相反，单击切换按钮 可以在矢量相同和相反之间切换。

(a) 平行约束　　　　　　(b) 垂直约束　　　　　　(c) 角度约束

图5-39 【装配约束】对话框（一）

二、垂直约束

1. 功能

利用【装配约束】命令中的垂直约束类型，可以使装配中的其他组件重定位，约束新

组件的平面和已有组件的平面垂直。与平行约束相同，两个平面的矢量有两种可能：相同或相反。

2. 对话框设置

在【装配约束】对话框中选择垂直约束图标 ，如图 5-39（b）所示，单击【要约束的几何体】选项组中的【选择两个对象】，在图形窗口中依次选取两组件的平面，即可实现两组件平面垂直的效果；垂直时两个平面的矢量有两种可能：相同或相反，单击切换按钮 可以在矢量相同和相反之间切换。

三、角度约束

1. 功能

利用【装配约束】命令中的角度约束类型，可以使装配中的其他组件重定位，约束新组件的平面和已有组件的平面之间构成一定角度，和平行约束、垂直约束时一样，两个平面的矢量有两种可能：相同或相反。

2. 对话框设置

在【装配约束】对话框中选择角度约束图标 ，如图 5-39（c）所示，单击【要约束的几何体】选项组中的【选择两个对象】，在图形窗口中依次选取两组件的平面，并设定角度值，即可实现两组件平面约束为指定的角度，指定角度时两个平面的矢量有两种可能：相同或相反，单击切换按钮 可以在矢量相同和相反之间切换。

四、中心约束

1. 功能

利用【装配约束】命令中的中心约束类型，可以使装配中的其他组件重定位，约束新组件的中间平面和已有组件的中间平面重合。此处平面的选择有几种可能，可以选一个平面，也可以选两个平面，但不能只选两个单面，必须有一个中间面，此处同样会有切换矢量的问题。

2. 对话框设置

在【装配约束】对话框中选择中心约束图标 ，如图 5-40（a）所示，其【子类型】中有三种选项："1对2""2对1"和"2对2"。

（1）"1对2"表示先选择1个组件的面，再依次选择2个参考组件的平行面，然后将该组件的面和参考组件2个面的中间面重合，此处可以单击切换按钮 改变组件在重合面的哪一侧。

（2）"2对1"表示先依次选择1个组件2个平行面和1个参考组件面，然后将该组件2个面的中间面和参考组件的面重合，此处可以单击切换按钮 改变组件在重合面的哪一侧。

（3）"2对2"表示先依次选择1个组件2个平行面，再依次选择2个参考组件的平行面，然后将该组件2个面的中间面和参考组件2个面的中间面重合，此处可以单击切换按钮改变组件在重合面的哪一侧。

五、固定约束

1. 功能

利用【装配约束】命令中的固定约束类型，可以使装配中被选中的组件被固定。

2. 对话框设置

在【装配约束】设置对话框中选择固定约束图标├，如图5-40（b）所示，选择添加固定约束的组件，则该组件在后面装配过程中就无法移动位置，被固定约束。此时如果再选择其他组件固定，系统会提示已经有组件被固定，是否继续选择，此时单击【继续】按钮，即可连续选中组件，进行固定约束，且后续的固定约束操作也不会再次出现提示。

六、胶合约束

1. 功能

利用【装配约束】命令中的胶合约束类型，使装配中被选中的多个组件胶合成一个整体，在运动中这些组件之间没有相对运动。

2. 对话框设置

运动仿真中，某些组件在运动过程中没有相对运动，虽然是几个组件，但可以看作一个整体，则可以选择胶合约束，将几个组件胶合成一个整体。在【装配约束】对话框中选择胶合约束图标▶◀，如图5-40（c）所示，选择需要进行胶合的组件即可。

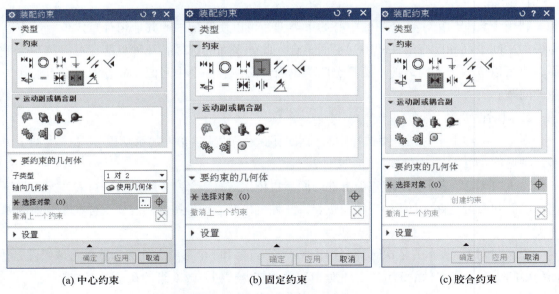

(a) 中心约束　　　　　　　(b) 固定约束　　　　　　　(c) 胶合约束

图5-40 【装配约束】对话框（二）

七、装配干涉检测

1. 功能

利用【间隙分析】命令可以检测所有的装配组件之间是否干涉，并且一次性将全部装配干涉的部分快速检测出来。

2. 命令路径

在 NX 软件装配功能环境下，进入【间隙分析】对话框有以下两种方法。

（1）单击【装配】选项卡【间隙】组中的【间隙分析】命令按钮 🗇。

（2）单击【菜单】|【分析】|【装配间隙】|【间隙分析】命令。

3. 对话框设置

通过以上任意一种方法进入【间隙分析】对话框，如图5-41（a）所示。第一次进入间隙分析时，应先建立一个新的集，此时可以选中所有的对象，也可以用选定的组件组成一个集，在选定的组件中观察是否干涉。

如果选中所有对象，单击【确定】按钮可以马上分析出整个装配中所有干涉选项，如图5-41（b）所示，每个选项都详细地说明干涉的两个组件的名称。如果选中其中的一个干涉选项，三维显示会将其他组件全部隐藏，只将干涉的两个组件显示在三维图中，并将干涉的部分用红色来显示，如图5-41（c）所示。

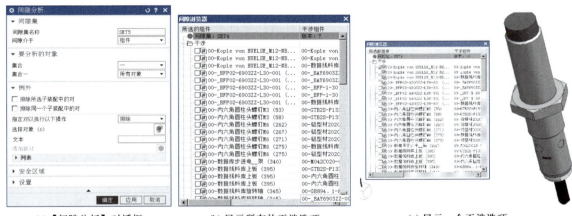

|(a)【间隙分析】对话框|(b) 显示所有的干涉选项|(c) 显示一个干涉选项|

图5-41 【间隙分析】对话框及其显示的干涉选项

八、装配爆炸图

1. 功能

利用【爆炸】命令可以将装配图中的组件进行拆分，产生爆炸图。在爆炸命令中可以对产生的爆炸图进行编辑、取消/删除、切换等操作。

2. 命令路径

在 NX 1953 软件功能环境下，进入【爆炸】对话框有以下两种方法。

（1）单击【装配】选项卡【爆炸】组中的【爆炸】命令按钮 。

（2）单击【菜单】|【装配】|【爆炸】|命令。

3. 对话框设置

通过以上任意一种方法进入【爆炸】对话框，对话框下方会出现一排子命令，如图5-42（a）所示，下面介绍常用的子命令操作。

（1）【新建爆炸】：在【爆炸】对话框中，首先应新建爆炸，建立爆炸图的名称，在列表中会出现爆炸图的名称。

（2）【编辑爆炸】：编辑爆炸的过程可以理解为移动组件的过程。单击【编辑爆炸】子命令后，系统弹出【编辑爆炸】对话框，如图5-42（b）所示，在【选择组件】中选择要爆炸的组件，再选择【指定方位】，通过移动坐标系的方法来移动组件，然后回到要爆炸的组件区域，在【选择组件】中选下一个需要爆炸的组件，此时【选择组件】的模式是累加模式，回到【指定方位】，通过移动坐标系的方法会同时移动两个组件。大多数爆炸都是通过累加模式来进行操作的。也可以单击【应用】按钮后，取消前面所选的所有组件，重新选择组件来进行移动。

（3）【创建追踪线】：如果想直观地表达零件装配位置，可以添加追踪线来连接爆炸前后零件的位置。单击【创建追踪线】子命令，然后选择追踪线的起点和终点即可产生追踪线。通常追踪线在空间中要通过折弯才能完成两个空间点的连接，路线折弯形状类型通过路径中【备选解】 来选择完成。

（4）【隐藏爆炸】：爆炸后的组件会形成打散的爆炸状态，如果需要返回正常的装配状态，单击【隐藏爆炸】子命令即可。

（5）【删除爆炸】：爆炸编辑完成后，如果效果不理想，可以单击【删除爆炸】将其删除。

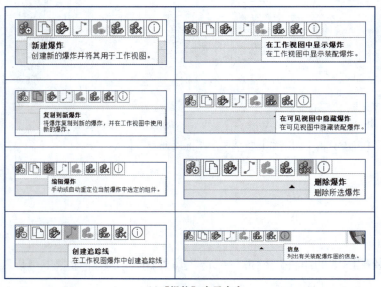

(a)【爆炸】中子命令

(b)【编辑爆炸】对话框

图5-42 【爆炸】对话框的子命令及【编辑爆炸】对话框

九、装配、约束导航器和编辑组件

1. 功能

在使用NX软件进行装配仿真的过程中，经常使用装配、约束导航器界面和编辑组件功能，进行快速便捷的操作。

2. 使用方法

（1）装配导航器的位置在软件界面的左侧，图标为 ，如图5-43（a）所示。此操作可以将装配图中的装配组件显示在导航器中，此时装配件被激活，处于工作状态，由于装配件只包含装配关系，因此无法修改组件的形状或尺寸。如果需要修改组件，必须在装配导航器中双击组件或选中组件并右击设为工作部件，将组件激活，而别的组件会变成灰色，此时可以对激活组件进行修改。完成修改后，在装配导航器中双击装配件或选中装配件并右击设为工作部件，即可回到装配件为激活的状态。

（2）约束导航器的位置在软件界面的左侧，图标为 ，如图5-43（b）所示。在约束导航器中可以看到所有几何约束，并在约束中显示互相之间有几何约束的组件名称。单击选中的约束后，约束元素在图形中会被高亮显示。在约束导航器中也可以抑制选中约束。选中约束后单击【删除】按钮可以删除不需要的约束。

（3）在装配导航器中也有约束选项，展开"+"可以看到各种几何约束，还可以右击选中的约束，选择是否【在图形窗口显示约束】或是否【在图形中显示受抑制的约束】，如图5-43（c）所示。

(a) 装配导航器　　　　　　(b) 约束导航器　　　　　　(c) 装配导航器中的约束

图5-43 【装配导航器】【约束导航器】对话框

📖 **任务实施**

1. 组件准备

按照数据线料库装配平台组件清单，准备将装配用到的所有文件都保

微视频
数据线料库装
配仿真

存于"D:\model\数据线料库\"路径下。装配时具体的装配位置可以参考"D:\model\数据线料库\00-数据线料库装配",可以一边观察现有装配图中的组件相对位置,一边完成新的装配操作。

2. 装配仿真

（1）启动NX软件,新建一个【装配】类型的文件模板,并命名为"数据线料库装配.prt",设置文件存放路径为"D:\model\数据线料库装配\",单击【确定】按钮,如图5-44（a）所示。

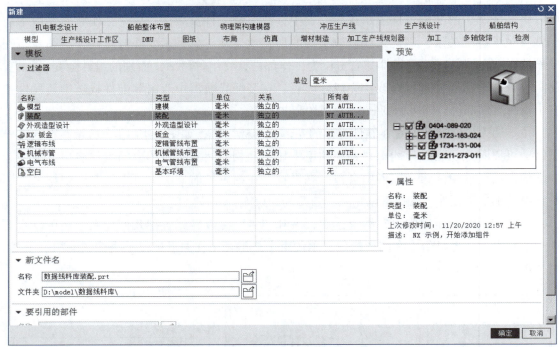

(a) 数据线料库新建装配文件

(b) 添加第一个组件

图5-44　数据线料库新建装配文件

（2）添加组件至装配文件中。

① 单击【装配】|【添加组件】命令，系统弹出如图5-44所示的【添加组件】对话框，单击【要放置的部件】选项组中的【打开】按钮 ，选择"00_料库旋转盘"组件，单击【确定】按钮，在【数量】文本框中输入添加组件的数量为1。因为是第一个组件，装配中没有参考的文件，只有坐标系，单击【位置】选项组中的【组件锚点】下拉列表，选择绝对坐标系，【装配位置】下拉列表也选择绝对坐标系，将组件移到装配图中，坐标系原点重合，方向重合，单击【应用】按钮完成第一个组件装配。

注意：如果此时组件没有显示，可能的原因是组件所在层没有被显示，可以单击【菜单】|【格式】|【图层设置】命令，将隐藏图层前的勾选框选中即可。

② 依次添加组件，添加完第一个组件后，第一个组件通常会选择基准组件。再添加其他组件时，可以通过装配位置中的【对齐】命令完成，先选择要对齐参考的组件，然后再选择【装配约束】命令的各种约束方法将组件逐一定位。

a）添加旋转轴组件"00-料库旋转轴"，【装配约束】命令约束类型选择【接触】、【自动判断中心】、【自动判断中心】。

b）添加固定架组件"00-料库固定架"，【装配约束】命令约束类型选择【接触】、【自动判断中心】、【自动判断中心】。【阵列组件】布局选择圆形，圆柱中心线为旋转轴，并阵列20个。

c）添加轴承组件"00-_BAY6903ZZ-002"，【装配约束】命令约束类型选择【接触】、【自动判断中心】。

d）添加轴承座组件"00-_BFP02-6903ZZ-L30"，【装配约束】命令约束类型选择【接触】、【自动判断中心】。

e）添加轴承组件"00-_BAY6903ZZ-002"，【装配约束】命令约束类型选择【接触】、【自动判断中心】。

f）添加2个外卡簧组件"00-_BFP-1-30"，【装配约束】命令约束类型选择【接触】、【自动判断中心】。

g）添加铜垫圈组件"00-铜垫圈"，【装配约束】命令约束类型选择【接触】、【自动判断中心】。

h）添加轴用弹性挡圈组件"00-GB894，1-86轴用弹性挡圈A型17"，【装配约束】命令约束类型选择【接触】、【自动判断中心】。

i）添加联轴器组件"00-梅花型顶丝式联轴器【CPPL25-8-10】"，【装配约束】命令约束类型选择【距离】并设定联轴器上方的面和旋转轴阶梯端面间隔3mm、【自动判断中心】。

j）添加步进电机架组件"00-数据库步进电机架"，【装配约束】命令约束类型选择【接触】、【自动判断中心】、【自动判断中心】。

k）添加电机组件"00-M042C020-03短__STP-43D1113_"，【装配约束】命令约束类型选择【接触】、【自动判断中心】、【平行】。

l）添加4根铝型材组件"00-铝型材2020"，【装配约束】命令约束类型选择【接触】、

【自动判断中心】、【平行】。

　　m）添加"00-料库下板"组件，【装配约束】命令约束类型选择【接触】、【自动判断中心】、【对齐】。

　　n）添加传感器组件"00-IME12-##N###W#S-S249933"，【装配约束】命令约束类型选择【接触】、【自动判断中心】。

　　o）添加4个螺钉组件"00-内六角圆柱头螺钉M6"，【装配约束】命令约束类型选择【接触】、【自动判断中心】。

　　p）添加"00-数据线料库电容传感器固定板"组件，【装配约束】命令约束类型选择【接触】、【接触】、【距离】并设定数据线料库电容传感器固定板大侧面到数据线料库上板对应的侧面距离为78 mm。

　　q）添加电容传感器组件"00-GTB2S-P1331"，【装配约束】命令约束类型选择【接触】、【自动判断中心】、【对齐】。

　　r）添加2个螺钉组件"00-内六角圆柱头螺钉M4"，【装配约束】命令约束类型选择【接触】、【自动判断中心】。

　　s）添加2个螺钉组件"00-内六角圆柱头螺钉M3"，【装配约束】命令约束类型选择【接触】、【自动判断中心】。

　　（3）定义组件之间的装配约束关系。由于约束关系众多而且雷同，下面以添加固定架组件"00-料库固定架"为例详细讲解，其余不再赘述。

　　① 添加旋转轴组件"00-料库旋转轴"，定义"00-料库旋转轴"与"00_料库旋转盘"之间的装配约束。

　　a）单击【装配】|【装配约束】命令，选择【接触对齐】约束类型下的【接触】，依次选择"00-料库旋转轴"的大头上端面和"00_料库旋转盘"中间盲孔端面，单击【应用】按钮。

　　b）选择【接触对齐】约束类型中的【自动判断中心】约束定义"00-料库旋转轴"的主体旋转轴线和"00_料库旋转盘"主体旋转轴线对齐，单击【应用】按钮。

　　c）选择【接触对齐】约束类型以下的【自动判断中心】约束定义"00-料库旋转轴"上6个螺纹孔中的1个孔轴线和"00_料库旋转盘"上6个沉头孔中的1个孔轴线对齐，此时如果不方便选择，可以单击【视图】选项卡【显示】组中的【样式】中【静态线框】命令按钮 ⊞，单击【应用】按钮。

　　② 添加"00-料库固定架"组件，定义"00-料库固定架"与"00_料库旋转盘"之间的装配约束。

　　a）单击【装配】|【装配约束】命令，选择【接触对齐】约束类型中的【接触】，依次选择"00-料库固定架"的底面和"00_料库旋转盘"上端面，单击【应用】按钮。

　　b）选择【接触对齐】约束类型中的【自动判断中心】约束定义"00-料库旋转轴"的第一个孔旋转轴线和"00_料库旋转盘"任意一内侧主体旋转轴线对齐，单击【应用】按钮。

c）选择【接触对齐】约束类型中的【自动判断中心】约束定义"00-料库旋转轴"上6个螺纹孔中的1个孔轴线和"00_料库旋转盘"上6个沉头孔中的1个孔轴线对齐。

③ 单击【装配】选项卡【组件】组中的【阵列组件】命令按钮，选择组件"00-料库固定架"，布局选择为圆形，矢量选择"00_料库旋转盘"旋转中心轴，间距选数量和跨距模式，数量选20，间隔选360°，单击【确定】按钮。

3．爆炸图

单击【装配】选项卡【爆炸】组中的【爆炸】命令按钮，在弹出的对话框中单击【新建爆炸】按钮，在列表中创建一个新的爆炸。

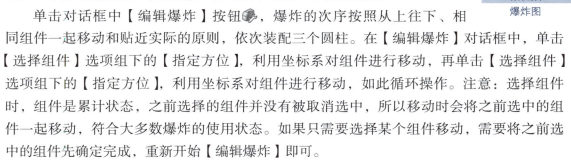

单击对话框中【编辑爆炸】按钮，爆炸的次序按照从上往下、相同组件一起移动和贴近实际的原则，依次装配三个圆柱。在【编辑爆炸】对话框中，单击【选择组件】选项组下的【指定方位】，利用坐标系对组件进行移动，再单击【选择组件】选项组下的【指定方位】，利用坐标系对组件进行移动，如此循环操作。注意：选择组件时，组件是累计状态，之前选择的组件并没有被取消选中，所以移动时会将之前选中的组件一起移动，符合大多数爆炸的使用状态。如果只需要选择某个组件移动，需要将之前选中的组件先确定完成，重新开始【编辑爆炸】即可。

选择20个"00-料库固定架"组件，单击【指定方位】，在图形区左键按住坐标系的Z轴上的圆锥向上拖动适当距离，选择"00-料库固定盘"组件、单击【指定方位】、在图形区左键按住坐标系的Z轴上的圆锥向上拖动适当距离，如此依次循环实现对所有组件的拖动爆炸。

注意：如果中间内部组件无法选择和观察，可以单击【视图】选项卡【内容】组中的【编辑截面】命令按钮，将截面调整到中心，即可观察并选择内部组件。完成操作后，可以单击【视图】选项卡【内容】组中的【剪切截面】命令按钮来进行取消。

后续操作中，根据爆炸的效果重新单击【编辑爆炸】按钮，对部分组件的位置进行调整，具体如图5-45所示。生成爆炸图之后，可以对爆炸图进行隐藏或删除处理。

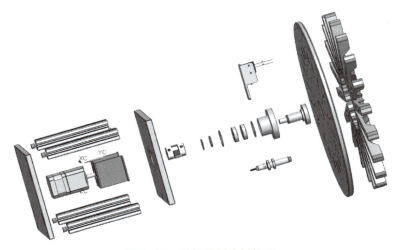

图5-45　数据线料库爆炸图

**任务评价**

按照表5-4的要求完成本任务评价。

表5-4　数据线料库装配仿真任务评价表

任务	训练内容	分值	训练要求	学生自评	教师评分
数据线料库装配仿真	数据线料库装配仿真	60分	（1）正确创建【装配】类型的文件模板； （2）正确添加组件类型与数量； （3）正确定义各组件之间的装配约束		
	职业素养与创新思维	40分	（1）积极思考、寻找最优装配方案； （2）团队合作、分组讨论、独立操作； （3）遵守纪律，遵守实验室管理制度		
			学生：　　　　教师：　　　　日期：		

📝 项目小结

通过本项目的学习，读者可了解抽壳、倒边圆、镜像特征、阵列特征等基本操作，了解装配过程中平行约束、垂直约束、角度约束、中心约束、固定、拟合、胶合装配、干涉检测和装配爆炸图等装配方法，为后续学习打下基础。

💭 思考与练习

1. 思考题
（1）阵列特征有哪些方式？
（2）边倒圆的连续性有几种模式？
（3）在装配导航器中有哪些针对组件的基本操作？
（4）爆炸图中加追踪线的原则。

2. 操作题
（1）采用边倒圆命令中变半径做一个产品范例。
（2）选择一个简单的工程装配图，将爆炸图作为一个视图添加在装配图中。

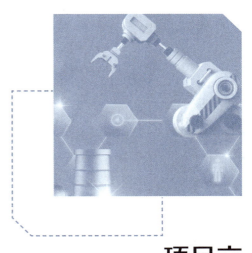

项目六
物料盒打码站电控柜钣金设计与装配仿真

微视频
钣金设计模块
介绍

电控柜是按电气接线要求将开关设备、测量仪表、保护电器和辅助设备组装在封闭或半封闭金属柜中，其布置应满足系统正常运行的要求。电控柜主要由金属薄板制成，在机械设计中属于钣金设计。钣金是针对金属薄板（通常厚度≤6mm）的一种综合冷加工工艺，包括剪切、冲裁/复合、折弯、焊接、铆接、拼接、成形（如汽车车身）等，其显著的特征就是同一零件厚度一致。NX软件中的钣金设计模块提供了强大的钣金设计功能，使用户可以轻松、快捷地完成设计工作。

📋 项目描述

　　物料盒打码站如图6-1所示，其主要功能是通过激光打码器为物料盒进行打码，由打码站框架、激光打码器及电控柜组成。电控柜如图6-2所示，是打码站的重要组成部件之一，承担着控制激光器工作的任务，主要由柜体、按钮盒和万向轮等组成。
　　本项目要求对电控柜进行钣金设计，即对柜体、按钮盒等组件进行钣金设计，并完成柜体、按钮盒和万向轮等的装配仿真。

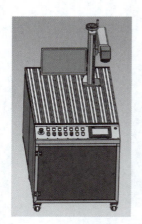

图6-1　物料盒打码站　　　　　图6-2　电控柜

🔩 项目目标

➤ 知识目标：掌握NX钣金设计方法，掌握弯边、折弯、开孔等钣金特征建模方法，掌握凹坑、百叶窗、冲压开孔等凸模特征的含义及建模方法。
➤ 能力目标：能综合应用NX钣金设计方法对电控柜进行设计，完成电控柜的装配。
➤ 素质目标：理论联系实际，严谨踏实，实事求是，能够分析解决实际问题。

对电控柜的组件及结构进行分析，明确各组件的结构特点，为电控柜的钣金设计和装配仿真打下基础。

1. 电控柜的组件分析

对电控柜的组件种类及数量进行分析，形成电控柜的组件列表，见表6-1。

表6-1　电控柜的组件列表

序号	组件名称	组件数量	序号	组件名称	组件数量
1	柜体	1	3	万向轮	4
2	按钮盒	1	4	柜门（前后各一）	2

2. 电控柜组件的结构分析

（1）柜体分析。电控柜柜体是由2 mm厚的金属板材构成，如图6-3所示，前后两面各有1个大的方孔，用来安装聚氯乙烯（PVC）材质的柜门，柜体下方有底板，上面没有盖板，后期在上面安装型材，然后在型材上安装激光机等各种设备。柜体各边均进行弯边处理。

（2）按钮盒分析。按钮盒安装在柜体上方的前部，用于支撑按钮、急停开关、转换开关及触摸屏的盒体。按钮盒由2 mm厚的金属板材构成，上面开有15个圆孔和1个方孔，用来分别安装按钮、急停开关、转换开关及触摸屏，按钮上方有文字表明其功能，按钮盒各边均进行弯边处理，如图6-4所示。

图6-3　电控柜柜体

图6-4　电控柜按钮盒

（3）万向轮分析。万向轮为标准件，可以根据万向轮的具体型号到相应平台下载模型，直接或转换模型格式后使用。

为更好地完成电控柜的钣金设计与装配仿真，本项目分为三个任务：任务一　电控柜柜体钣金设计，任务二　电控柜按钮盒钣金设计与装配，任务三　电控柜装配仿真。

电控柜柜体钣金设计

📋 任务描述

电控柜柜体如图6-3所示，在NX软件钣金功能环境下，使用NX钣金设计方法，创建电控柜柜体模型。

📝 任务分析

电控柜柜体是较为典型、简单的钣金设计，设计思路：新建NX钣金文件模型→首选项设置→钣金设计：突出块→弯边→法向开孔。

🔗 知识链接

一、钣金设计预设置

1. 功能

预设置是指在设计零件之前先定义某些参数，用以提高设计效率，减少重复的参数设置，主要包括用户默认设置和首选项设置两类。用户默认设置的更改是永久的，即只要以后不做更改，其设置都不会再变化。而首选项设置的更改只对本次操作有效，即关闭该文件或新建文件后，系统自动恢复默认设置。如果设置首选项参数后，在设计过程中或完成后再更改参数设置，可能会导致参数错误。

2. 用户默认设置

（1）命令路径。在NX软件钣金功能环境下，进入用户默认设置的方法如下：单击【文件】下拉菜单【实用工具】组中的【用户默认设置】选项，即可进入【用户默认设置】对话框。

（2）对话框设置。【用户默认设置】对话框如图6-5所示，可对常规、转换、基本、折弯、拐角、冲孔等选项中的相应参数进行设置。例如单击【常规】将其展开，选择【部件属性】，可对材料厚度、折弯半径等参数进行设置，如图6-6所示。

3. 首选项设置

（1）命令路径。在NX软件钣金功能环境下，进入【钣金首选项】对话框的方法如下：单击【文件】下拉菜单【首选项】组中的【钣金】选项，即可进入【钣金首选项】对话框。

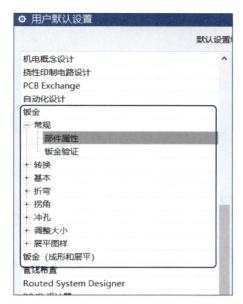

图6-5 【用户默认设置】对话框

图6-6 常规设置选项

（2）对话框设置。【钣金首选项】对话框如图6-7所示，有【部件属性】、【突出块曲线】、【标注配置】等7个选项卡，选择相应的选项卡可对不同的参数进行配置，如可在【部件属性】选项卡中配置材料厚度、折弯半径等参数。

图6-7 【钣金首选项】对话框

二、突出块

1. 功能

【突出块】是利用封闭的轮廓创建的任意形状的扁平特征，该特征也是NX钣金中最基础的特征，其他的钣金特征都将在该特征上创建。该特征的创建可分为基本和次要两种类型。当绘图区中不存在任何特征时，利用【突出块】工具中的【基本】选项，可以打开只含有该类型的对话框，利用此命令可以在钣金设计中创建第一个特征，效果如图6-8（a）所示。当绘图区域存在【基本】特征时，可以创建【次要】特征，效果如图6-8（b）所示。【突出块】是一个钣金零件的"基础"，其他的钣金特征（如冲孔、成形、折弯等）都要在这个"基础"上构建，因此是钣金件最重要的部分。

(a) 基本　　　　　　　　　　(b) 次要

图6-8　突出块

2. 命令路径

在NX软件钣金功能环境下，进入【突出块】对话框有以下两种方法。

（1）单击【主页】选项卡【基本】组中的【突出块】命令按钮 ◇。

（2）单击【菜单】|【插入】|【突出块】命令。

3. 对话框设置

通过上述任意一种方法进入【突出块】对话框，如图6-9所示。首次创建突出块时只能选择【基本】，再次创建突出块时可以选择【次要】。基本突出块是创建一个平整的钣金基础特征，在创建钣金零件时，需要先绘制钣金壁的正面轮廓草图（必须为封闭的线条），然后给定钣金厚度值即可。次要突出块是在已有的钣金壁上创建平整的钣金薄壁材料，其壁厚无须用户定义，系统自动设定为与已存在的钣金壁厚度相同。

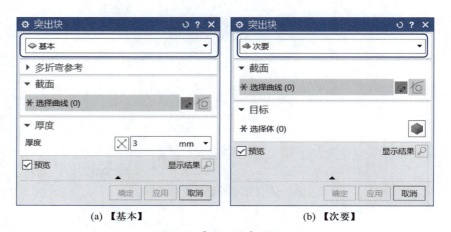

(a)【基本】　　　　　　　　　(b)【次要】

图6-9　【突出块】对话框

三、弯边

1. 功能

钣金弯边是在已存在的钣金壁边缘上创建出简单的折弯，其厚度与原有的钣金厚度相同。在创建弯边特征时，需要先在已存在的钣金中选取某一条边线作为弯边钣金壁的附着边，然后定义弯边特征的截面、宽度、弯边属性、偏置和折弯参数等。

微视频
弯边

2. 命令路径

在 NX 软件钣金功能环境下，进入【弯边】对话框有以下两种方法。

（1）单击【主页】选项卡【基本】组中的【弯边】命令按钮 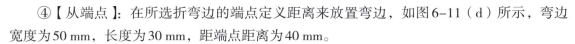。

（2）单击【菜单】|【插入】|【折弯】|【弯边】命令。

3. 对话框设置

通过上述任意一种方法进入【弯边】对话框，如图6-10所示。【弯边属性】选项组中包括【宽度选项】下拉列表、【长度】文本框、反向按钮、【角度】文本框、【参考长度】下拉列表、【内嵌】下拉列表和【偏置】文本框。

（1）【宽度选项】下拉列表：该下拉列表用于定义钣金弯边的宽度定义方式，包括以下几个选项。

① 【完整】：在基础特征的整个线性边上都应用弯边，如图6-11（a）所示，长度为30 mm。

② 【在中心】：在线性边的中心位置放置弯边，然后对称地向两边拉伸一定的距离，如图6-11（b）所示，弯边宽度为50 mm，长度为30 mm。

③ 【在端点】：将弯边特征放置在选定直边的端点

图6-10 【弯边】对话框

位置，然后以此端点为起点拉伸弯边的宽度，如图6-11（c）所示，弯边宽度为50 mm，长度为30 mm。

④ 【从端点】：在所选折弯边的端点定义距离来放置弯边，如图6-11（d）所示，弯边宽度为50 mm，长度为30 mm，距端点距离为40 mm。

⑤ 【从两端】：在线性边的中心位置放置弯边，然后利用【距离1】和【距离2】来设置弯边的宽度，如图6-11（e）所示，弯边宽度为50 mm，距离1为40 mm，距离2为60 mm。

（2）【长度】文本框：该文本框中输入的值为指定弯边的长度，单击反向接钮可以改变弯边长度的方向。

（3）【角度】文本框：该文本框中输入的值为指定弯边的折弯角度，该值是与原钣金所成角度的补角，如图6-12所示。

(a) 【完整】   (b) 【在中心】

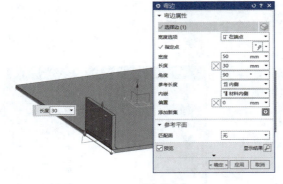
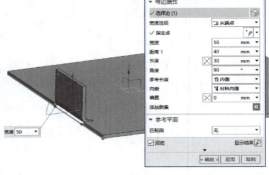

(c) 【在端点】   (d) 【从端点】

(e) 【从两端】

图6-11 【宽度选项】下拉列表

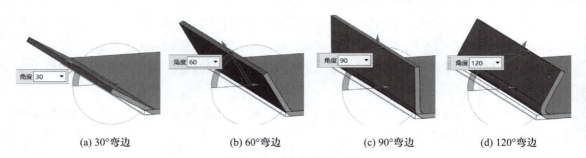

(a) 30°弯边   (b) 60°弯边   (c) 90°弯边   (d) 120°弯边

图6-12 【角度】文本框

（4）【参考长度】下拉列表：该下拉列表中包括【内侧】、【外侧】、【腹板】和【相切】4个选项。

①【内侧】：测量从与内折弯面相邻的凸台面的虚拟交线到弯边顶部的距离。

②【外侧】：测量从与外折弯面相邻的凸台面的虚拟交线到弯边顶部的距离。

③【腹板】：测量从折弯相切线到弯边顶部的距离。

④【相切】：根据德国标准DIN6935测量距离。

（5）【内嵌】下拉列表：【内嵌】表示弯边嵌入基础钣金材料的距离，该下拉列表包括【材料内侧】、【材料外侧】和【折弯外侧】选项。

① 材料内侧：所创建的弯边特征将嵌入到钣金材料里面，即钣金材料的折弯边位置同弯边特征的外侧表面平齐。

② 材料外侧：同样指弯边嵌入到钣金材料里面，但此时钣金材料的折弯位置将和弯边特征的内表面平齐。

③ 折弯外侧：利用该类型创建弯边特征时，该弯边特征将添加到选定钣金材料折弯边的外侧，从而形成弯边特征。折弯特征直接创建在基础特征上而不改变基础特征尺寸。

（6）【偏置】文本框：该文本框中输入值为指定弯边以附着边为基准向一侧偏置一定值，单击反向按钮可以改变偏置的方向。

四、法向开孔

微视频
法向开孔

1. 功能

法向开孔是沿着钣金件表面的法向，以一组连续的曲线作为裁剪的轮廓线进行裁剪。该功能可以以任意封闭线框为去除材料的轮廓形状，一次性地去除钣金特征中的单个或多个基础面或折弯面中的钣金实体，从而形成具有任意截面形状的孔特征。

2. 命令路径

在NX软件钣金功能环境下，进入【法向开孔】对话框有以下两种方法。

（1）单击【主页】选项卡【基本】组中的【法向开孔】命令按钮 。

（2）单击【菜单】|【插入】|【切割】|【法向开孔】命令。

3. 对话框设置

通过上述任意一种方法进入【法向开孔】对话框，如图6-13所示。

（1）【截面】：在此选项中选择进行裁剪的轮廓线，可以进入草图进行绘制也可以选择实体上的轮廓线。

图6-13 【法向开孔】对话框

（2）【目标】：此处设置需要开孔的实体。

（3）【开孔属性】：可以设置【切割方法】及【限制】。

①【切割方法】：包括【厚度】、【中位面】和【最近的面】三种方法。【厚度】指在剪裁轮廓线所在的面沿着厚度方向进行剪裁；【中位面】是指从剪裁轮廓线所在的钣金零件体的面中间向两侧进行剪裁；【最近的面】是指从距离钣金零件体放置剪裁轮廓线最近的一个面向着另一面进行剪裁。

②【限制】：可以设置开孔特征，包括【值】、【所处范围】、【直至下一个】和【贯通】四种类型。【值】是值沿着法向剪裁的深度值；【所处范围】指沿着法向从开始面穿过钣金零件的厚度延伸到另一面的剪裁；【直至下一个】指沿着法向从开始面穿过钣金零件的厚度延伸到最近面的剪裁；【贯通】是指沿着法向穿过钣金零件所有面的剪裁。

五、展平实体

1. 功能

利用【展平实体】命令可以在钣金实体模型中创建展平特征，并且该展平特征和钣金实体特征存在关联性。

2. 命令路径

在NX软件钣金功能环境下，进入【展平实体】对话框有以下两种方法。

（1）单击【主页】选项卡【展平图样】组中的【展平实体】命令按钮 。

（2）单击【菜单】|【插入】|【展平图样】|【展平实体】命令。

3. 对话框设置

通过上述任意一种方法进入【展平实体】对话框，如图6-14所示，包括【固定面】和【方位】两个设置项。当展平实体特征创建后，在部件导航器的模型历史记录中，会自动生成展平实体特征，同时，注意展平实体在部件导航器中的排序永远在最后一位，具有自动更新功能，因此与模型之间具有关联性。钣金件展平前后的效果如图6-15所示。

图6-14 【展平实体】对话框

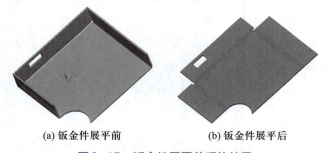

(a) 钣金件展平前　　　　　(b) 钣金件展平后

图6-15 钣金件展平前后的效果

1. 柜体钣金设计

（1）启动NX软件，新建一个【钣金】类型的文件模板，进入NX软件钣金功能环境。

① 在操作系统中选择【开始】|【所有程序】|【NX 1953】，启动NX软件进程。

② 在功能区单击【文件】|【新建】命令或者直接单击【新建】命令按钮🗋⊕，在弹出的【新建】对话框中单击【模型】按钮，设置单位为【毫米】，选择【NX钣金】类型的文件模板，并命名为"柜体"，设置文件存放路径，单击【确定】按钮后进入钣金功能环境。

③ 单击【文件】|【保存】命令或者使用键盘快捷键"Ctrl+S"保存文件。

（2）预设置设计零件的厚度为3 mm，折弯半径为3 mm。

（3）创建突出块。单击【主页】选项卡【基本】组中的【突出块】命令按钮，在弹出的【突出块】对话框中，选择【基本】类型，截面指定XY平面进入草图，选择【矩形】，起点为草图原点，输入【宽度】和【高度】尺寸分别为800 mm、900 mm，单击【完成】按钮，退出草图返回钣金界面，【厚度】为3 mm，单击【确定】按钮，创建的突出块如图6-16所示。

（4）弯边。单击【主页】选项卡【基本】组中的【弯边】命令按钮，在弹出的【弯边】对话框中设置【宽度选项】为【完整】，长度为650 mm，角度为90°，【参考长度】为【内侧】，【内嵌】为【材料内侧】，选择边为OX边，单击【确定】按钮，完成第一个面的弯边。同样方法将其余三边进行折弯，长度为740 mm，完成后效果如图6-17所示。

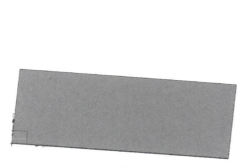

图6-16　创建突出块　　　　　图6-17　弯边

（5）法向开孔。单击【主页】选项卡【基本】组中的【法向开孔】命令按钮，在弹出的【法向开孔】对话框中，进入左侧平面草图，选择【矩形】，输入【宽度】和【高度】尺寸分别为200 mm、90 mm，单击【完成】按钮结束草图。选择目标及开孔属性，单击【确定】按钮，完成剪裁。同样方法将另一面完成法向开孔，完成后效果如图6-18所示。同样使用【法向开孔】命令可以完成前面和后面的方孔，距离边缘的尺寸为30 mm，完成后效果如图6-19所示。

（6）弯边。将所有的边进行尺寸为30 mm的弯边。柜体模型完成图如图6-20所示。

图6-18　法向开孔

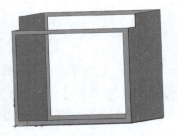

图6-19　前面、后面开孔

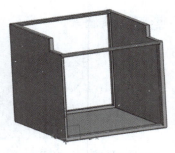

图6-20　柜体模型完成图

（7）保存文件。

2. 展平图样

（1）展平实体：在【展平图样】工具栏中，单击【展平实体】命令按钮，系统弹出【展平实体】对话框，选取成型钣金部件上的某一平面作为固定面，即可完成展平实体的创建，如图6-21所示，此时选择了底面为固定面。

（2）导出展平图样：在【展平图样】工具栏中，单击【导出展平图样】命令按钮，系统弹出【导出展平图样】对话框，选择导出的文件类型为DXF文件，在【输出文件】选项中设置导出的文件所存放的位置，选取成型钣金部件上的某一平面作为展平图样特征，即可完成展平图样的导出，导出的展平图样可以使用NX、CAD等软件打开。本任务导出的展平图样如图6-22所示。

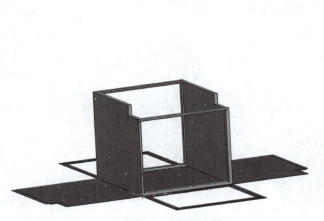

图6-21　柜体展平实体

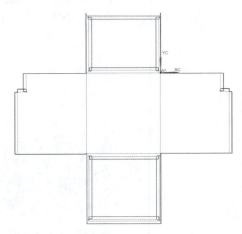

图6-22　柜体展平图样

✏️ **任务评价**

按照表6-2的要求完成本任务评价。

表 6-2　柜体钣金设计任务评价表

任务	训练内容	分值	训练要求	学生自评	教师评分
电控柜柜体钣金设计	电控柜柜体钣金设计	50分	（1）正确创建【钣金】类型的文件模板； （2）正确进行钣金设计的预设置； （3）正确使用【突出块】、【弯边】等命令进行钣金设计		
	导出展平图样	20分	（1）正确使用【展平实体】命令； （2）正确进行展平图样； （3）正确导出展平图样		
	职业素养与创新思维	30分	（1）积极思考、理论联系实际； （2）分组讨论、独立操作； （3）遵守纪律，遵守实验室管理制度		
	学生：　　　　　　教师：　　　　　　日期：				

任务二
电控柜按钮盒钣金设计与装配

任务描述

　　电控柜按钮盒如图6-23所示，在 NX 软件钣金功能环境下，使用突出块、弯边、法向开孔、孔等命令，创建电控柜按钮盒模型，然后将对应的按钮、急停开关、转换开关及触摸屏等部件装配到钣金件上。

图6-23　电控柜按钮盒

　　电控柜按钮盒的盒体是由厚度为3 mm的金属板弯制而成，面板上开有直径为22 mm的孔用来安装带灯按钮、急停开关和转换开关，如图6-24所示。盒体面板上安装的带灯按钮、急停开关及转换开关为标准的电气元件，可以通过NX软件建模设计，也可通过网络平台下载，然后使用【装配】命令进行安装。具体思路：新建NX钣金模板文件→突出块→弯边→孔→法向开孔→装配急停开关→装配带灯按钮→装配转换开关→装配触摸屏→保存模型。

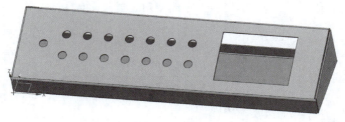

图6-24　盒体

🔗 **知识链接**

一、轮廓弯边

1. 功能

　　【轮廓弯边】命令是沿着一定的矢量方向进行拉伸或者扫掠添加材料，用以创建一个新的钣金件，或者在已有钣金件上添加材料（非封闭曲线）。轮廓弯边的类型包括基本和次要两项。当创建轮廓弯边之前没有基础钣金件时，【轮廓弯边】对话框自动采用基本类型；否则自动采用次要类型。另外，在定义截面曲线时，注意：所绘的草图截面是开环截面，即不能封闭，但可以非连续，转折处系统会自动采用默认的折弯半径。

2. 命令路径

　　在NX软件钣金功能环境下，进入【轮廓弯边】对话框有以下两种方法。

　　（1）单击【主页】选项卡【基本】组中的【轮廓弯边】命令按钮。

　　（2）单击【菜单】|【插入】|【折弯】|【轮廓弯边】命令。

二、折弯

微视频
折弯

1. 功能

　　钣金折弯为沿着指定的草图曲线，按照一定的角度弯曲。操作时注意折弯线的绘制，曲线和圆弧线是不能沿其进行折弯的，草图中含有多条直线或轮廓线进行折弯时，系统只能对其中的一条进行折弯。

2. 命令路径

在 NX 软件钣金功能环境下，进入【折弯】对话框有以下两种方法。

（1）单击【主页】选项卡【折弯】组中的【折弯】命令按钮。

（2）单击【菜单】|【插入】|【折弯】|【折弯】命令。

3. 对话框设置

进入【折弯】对话框，需要设置折弯线、目标、折弯属性、折弯参数、止裂口等特性，如图 6-25 所示。

（1）【折弯线】选项组：选取需要折弯的钣金平面，然后在草图中绘制直线作为折弯位置参考线。

（2）【目标】选项组：选取需要折弯的钣金件的一个面。

（3）【折弯属性】选项组。

① 角度：控制折弯的弯曲程度。要求大于零且小于 360°。

② 反向：单击该按钮可以改变折弯的方向。

③ 反侧：单击该按钮可以改变要折弯部分的方向。

④ 内嵌：该下拉列表中包括外模线轮廓、折弯中心线轮廓、内模线轮廓、材料内侧和材料外侧五个选项。外模线轮廓：在展开状态时，折弯线位于折弯半径的第一相切边缘。折弯中心线轮廓：在展开状态时，折弯线位于折弯半径的中心。内模线轮廓：在展开状态时，折弯线位于折弯半径的第二相切边缘。材料内侧：在成型状态下，折弯线位于折弯区域的外侧平面。材料外侧：在成型状态下，折弯线位于折弯区域的内侧平面。

（4）【折弯参数】选项组。主要是【折弯半径】，是指折弯处的内半径或外半径。

（5）【止裂口】选项组。在进行折弯时，由于折弯半径的关系，折弯面与固定面可能会产生互相干涉，此时用户可创建止裂口来解决干涉问题。

折弯效果如图 6-26 所示。

图 6-25 【折弯】对话框

图 6-26 折弯效果

三、文本

1. 功能

利用【文本】命令，通过读取文本字符串并生成线条和样条作为字符外形，创建文本作为设计元素。

2. 命令路径

在NX软件钣金功能环境下，进入【文本】对话框有以下两种方法。

（1）单击【曲线】选项卡【基本】组中的【文本】命令按钮。

（2）单击【菜单】|【插入】|【曲线】|【文本】命令。

3. 对话框设置

通过以上任意一种方法进入【文本】对话框，如图6-27所示，该对话框主要设置内容如下。

（1）设置文本所在位置：可以选择【平面的】、【曲线上】和【在面上】，本任务选择平面的。

（2）输入文本：可以在【文本属性】选项中输入文本内容，如在T1、S2、Start等。

（3）设置文本属性：设置文本【字体】为宋体，【脚本】为GB2312，【字型】为常规。

（4）设置文本位置：可以在【文本框】选项组中设置文本坐标的起点位置，设置为中心。

（5）设置文本尺寸：在【尺寸】选项组中将文本【长度】设置为58，【高度】设置为10，【W比例】设置为100。

图6-27 【文本】对话框

四、封闭拐角

微视频
封闭拐角

1. 功能

利用【封闭拐角】命令，可以对由基础面和与其相邻的两个相邻面形成的拐角进行拐角形状、大小以及拐角处边的叠加的编辑。

2. 命令路径

在NX软件钣金功能环境下，进入【封闭拐角】对话框有以下两种方法：

（1）单击【主页】选项卡【拐角】组中的【封闭拐角】命令按钮。

（2）单击【菜单】|【插入】|【拐角】|【封闭拐角】命令。

3. 对话框设置

通过以上任意一种方法进入【封闭拐角】对话框，如图6-28所示。在【封闭折弯】中选中【选择相邻折弯】，在【拐角属性】中设置【处理】、【重叠】、【缝隙】，拐角属性及效果见表6-3。

图6-28 【封闭拐角】对话框及效果

表6-3 拐角属性及效果

拐角属性	效果		
处理	打开	封闭	圆形开孔
	U形开孔	V形开孔	矩形开孔

续表

拐角属性	效果		
重叠	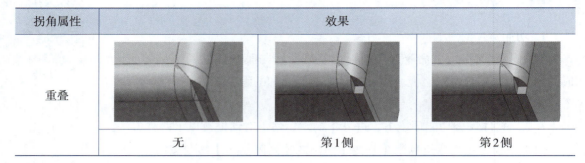		
	无	第1侧	第2侧

五、百叶窗

1. 功能

【百叶窗】命令是在平板内构建具有端部开口和成型的孔特征。百叶窗的轮廓线应是单一的线性元素，而且它不能是平面的，也不能被展平。

2. 命令路径

在NX软件钣金功能环境下，进入【百叶窗】对话框有以下两种方法。

（1）单击【主页】选项卡【凸模】组中的【百叶窗】命令按钮。

（2）单击【菜单】|【插入】|【冲孔】|【百叶窗】命令。

3. 对话框设置

通过以上任意一种方法进入【百叶窗】对话框，如图6-29所示，在【百叶窗属性】中可以设置深度、宽度及百叶窗形状，单击反向按钮可以调整方向。

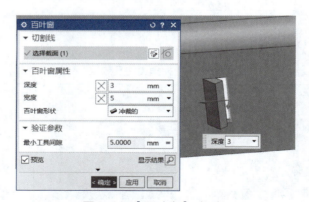

图6-29 【百叶窗】对话框

![任务实施]

1. 按钮盒盒体钣金设计

（1）启动NX软件，新建一个【钣金】类型的文件模板，并命名为"按钮盒"，设置文件存放路径，单击【确定】按钮后进入NX软件钣金功能环境。

（2）创建突出块。单击【主页】选项卡【基本】组中的【突出块】命令按钮，在弹出的【突出块】对话框中，选择【基本】类型，截面指定XY平面进入草图，选择【矩形】，起点为草图原点，输入【宽度】和【高度】尺寸分别为800 mm、200 mm，单击【完成】按钮，退出草图返回钣金界面，【厚度】为3 mm，单击【确定】按钮。

（3）【弯边】操作，各个面的弯边参数设置如下：前面【宽度】和【高度】分别为800 mm、50 mm；侧面【宽度】和【高度】分别为200 mm、120 mm；后面【宽度】和【高度】分别为800 mm、120 mm；上面【宽度】和【角度】分别为800 mm、19.3°，弯边后效果如图6-30所示。

（4）【法向开孔】与【孔】操作，圆孔的直径为22 mm，各孔之间间距为55 mm，左侧孔距离左边距离为65 mm，触摸屏开孔尺寸为197 mm×141 mm，操作后效果如图6-31所示。

图6-30　弯边后效果　　　　　　　　　　图6-31　开孔后效果

（5）【倒角】与【封闭拐角】操作。将后面重叠的边进行倒角操作，侧面弯边处进行封闭拐角操作，如图6-32及图6-33所示。

图6-32　倒角后效果　　　　　　　图6-33　封闭拐角后效果

（6）装配。参考前面所讲内容的建模设计方法，建立急停开关、带灯按钮、转换开关、触摸屏等模型。由于这些都是标准电气元件，也可以通过网络平台下载。单击【装配】按钮，添加组件，进行装配。装配完成的效果如图6-34所示。

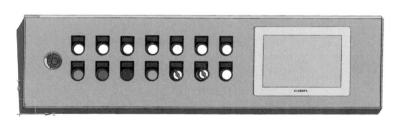

图6-34　装配完成的效果

（7）文本。单击【文本】命令，在弹出的【文本】对话框中，输入【文本属性】中的内容，如S1、Hand-0-Auto等，在【锚点位置】设置指定点与指定坐标系，在【尺寸】中设置长度与高度，文本输入后效果如图6-35所示。

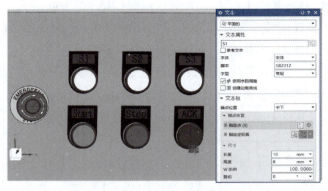

图6-35　文本输入后效果

（8）保存模型文件。

2. 输出展平图样

（1）单击【展平实体】命令，可查看展平后的效果。

（2）单击【展平图样】命令，可生成展平图样，切换视图后可查看展平图样。

（3）单击【导出展平图样】命令，可将图样导出到本地，展平图样效果如图6-36所示。

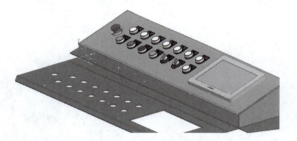

图6-36　展平图样效果

任务评价

按照表6-4的要求完成本任务评价。

表6-4　电控柜按钮盒钣金设计与装配任务评价表

任务	训练内容	分值	训练要求	学生自评	教师评分
电控柜按钮盒钣金设计与装配	按钮盒盒体钣金设计	45分	（1）正确创建【钣金】类型的文件模板； （2）正确使用突出块、弯边、折弯、法向开孔、倒角、封闭拐角等命令方法进行设计		

任务	训练内容	分值	训练要求	学生自评	教师评分
电控柜按钮盒钣金设计与装配	按钮盒装配	10分	（1）正确创建或下载带灯按钮、急停开关、转换开关、触摸屏等电气元件； （2）正确、完整地进行装配		
	输出展平图样	15分	（1）正确生成电控柜按钮盒展平图样； （2）正确输出电控柜按钮盒展平图样		
	职业素养与创新思维	30分	（1）严谨踏实、实事求是； （2）分组讨论、独立操作； （3）遵守纪律，遵守实验室管理制度		
			学生：　　　　　　教师：　　　　　　日期：		

任务三
电控柜装配仿真

任务描述

电控柜如图6-2所示，其组件种类及数量如表6-1所示，在NX软件中新建装配模板文件，逐一添加各组件，并定义各组件之间的装配约束关系，完成电控柜装配仿真。

任务分析

通过前面任务的实施，完成了电控柜柜体、按钮盒等组件的建模设计，本任务是将柜体和按钮盒组合，然后将万向轮和柜门安装到柜体相应位置。

知识链接

一、距离约束

1. 功能

【距离约束】命令是通过指定两个对象之间的距离来确定对象的相互位置。在选择要约束的两个对象后，输入这两个对象之间的距离即可实现距离约束，距离可以是正数，也可以是负数。

2. 命令路径

在NX软件装配功能环境下，进入【距离约束】对话框有以下两种方法。

（1）单击【装配】选项卡【位置】组中的【装配约束】命令按钮，然后在弹出的对话框中选择【距离约束】。

（2）单击【菜单】|【装配】|【组件位置】|【装配约束】命令，然后在弹出的对话框中选择【距离约束】。

3. 对话框设置

通过以上任意一种方法进入【装配约束】对话框。如图6-37所示，在对话框的【约束】组中可以选择【距离约束】，在【要约束的几何体】中选择两个对象，然后在【距离】栏输入两个对象之间的距离。

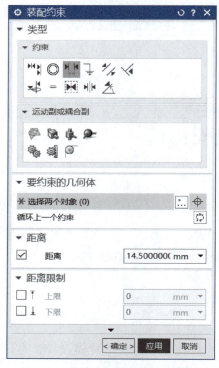

图6-37 【距离约束】设置对话框

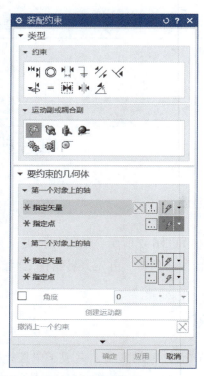

图6-38 【铰链副】设置

二、铰链副

1. 功能

利用【装配约束】命令中的铰链副运动副类型，使装配中的其他组件重定位组件，沿某一旋转轴约束两个对象。

2. 命令路径

在 NX 软件装配功能环境下，进入【装配约束】对话框有以下两种方法：

（1）单击【装配】选项卡【位置】组中的【装配约束】命令按钮。

（2）单击【菜单】|【装配】|【装配约束】命令。

3. 对话框设置

通过以上任一方法进入【装配约束】对话框。如图6-38所示，在对话框的【运动副或耦合副】组中选择铰链副图标，设置【要约束的几何体】组中的【第一个对象上的轴】和【第二个对象上的轴】，依次设置【指定矢量】和【指定点】。

任务实施

1. 模型准备

按照表6-1中所示的换手平台组件种类进行模型准备。

2. 装配仿真

（1）启动 NX 软件，新建一个【装配】类型的文件模板，并命名为"电控柜装配"，设置文件存放路径，单击【确定】按钮。

（2）添加组件至装配文件中。

① 添加电控柜柜体：单击【装配】|【添加组件】命令，在弹出的【添加组件】对话框中单击【要放置的部件】选项组中的【打开】按钮，指定路径并选择"柜体"组件，单击【确定】按钮，在【数量】文本框中输入添加组件的数量。

② 添加万向轮：万向轮是标准件，可以到网络平台下载"GD-80福马脚轮"模型。依次添加4个万向轮，添加时，【放置】选项组中【组件锚点】设为绝对坐标系，【装配位置】设为工作坐标系，输入坐标值，完成万向轮装配。

③ 新建柜门：柜门是厚度为5 mm的PVC材质的组件，可以通过【新建模型】创建一个柜体前门和一个柜体后门，尺寸分别是宽度740 mm、高度590 mm和宽度740 mm、高度680 mm。

（3）定义柜体与柜门的装配约束关系。单击【装配】|【装配约束】命令，选择【铰链副】，依次选择柜体边缘轮廓线和柜门边缘轮廓线，单击【应用】按钮。

（4）添加按钮盒。单击【装配】|【添加组件】命令，在弹出的【添加组件】对话框中单击【要放置的部件】选项组中的【打开】按钮，指定路径并选择"按钮盒"组件，单击【确定】按钮，在【数量】文本框中输入添加组件的数量。

（5）在装配导航器中检查装配约束，确认无误后保存装配文件。安装后的电控柜装配图如图6-39所示。

图6-39　电控柜装配图

任务三　电控柜装配仿真

177

任务评价

按照表6-5的要求完成本任务评价。

表6-5　电控柜装配仿真任务评价表

任务	训练内容	分值	训练要求	学生自评	教师评分
电控柜装配仿真	电控柜装配仿真	70分	（1）正确创建【装配】类型的文件模板； （2）正确添加万向轮组件类型与数量并定义各组件之间的装配约束； （3）正确添加柜门组件类型并正确定义各组件之间的装配约束； （4）正确添加按钮盒组件类型并正确定义各组件之间的装配约束		
	职业素养与创新思维	30分	（1）积极思考、善于分析实际问题； （2）分组讨论、独立操作； （3）遵守纪律，遵守实验室管理制度		
			学生：　　　　　　　教师：　　　　　　　日期：		

📝 项目小结

通过本项目的学习，读者应了解了NX钣金设计方法，了解了钣金设计过程中突出块、弯边、法向开孔、装配等命令的使用。请读者进行本项目各任务的操作，为后续学习打下基础。

💭 思考与练习

（1）试结合电控柜的设计过程说明如何在钣金设计之前对标准参数进行钣金设计的预设置。

（2）说明钣金弯边的用途并结合实例说明钣金弯边的使用方法。

（3）封闭拐角的用途是什么？拐角属性有哪几种处理方式？

（4）法向开孔的用途有哪些？请结合实例说明哪些场合可以使用法向开孔命令。

（5）简述NX钣金装配的过程。

（6）采用NX钣金设计方法完成电控柜柜体的钣金设计。

（7）采用NX钣金设计方法完成电控柜按钮盒的钣金设计与装配。

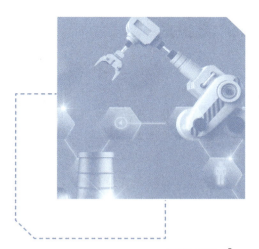

项目七
加热杯垫智能产线总装仿真

📌 项目引入

　　智能产线是在流水线的基础上逐渐发展起来的，它集机械、控制、传感、驱动、网络通信、人机交互等技术于一体，通过一些辅助装置按照工艺要求，将各种机械装置连成一体，并将液压、气动和电气系统的各部分动作联系起来，完成预定的生产任务。

　　随着科学技术的发展，产品更新换代频次加快，产品复杂程度提高，为实现绿色的中国"智造"，将模块化功能设计、柔性化生产理念逐步融入产线的设计中，以满足现代产品制造要求。因此，在智能产线设计中，要充分利用模块化零部件，有效集成智能产线，从而提高智能产线更新速度，使其提高可维护性，实现柔性化生产，同时还要充分利用生产资源，降低产品生产成本。

📋 项目描述

　　加热杯垫智能产线整体结构如图1-1所示，对于整个智能产线而言，从零件装配至成品完成是一个庞大的工程，需要将智能产线按照一定的装配工艺，先组装成不同的加工单元和模块，再进行总装成为合格的产线。本项目以加热杯垫智能产线为项目对象，以完成加热杯垫智能产线装配仿真形成装配模型为目标，要求：

　　（1）进行产线总装分析，绘制装配结构树。

　　（2）分析产线总装阶段各装配对象之间的装配约束关系。

　　（3）进行产线总装仿真，形成加热杯垫智能产线整体装配模型。

🔗 项目目标

　　➤ 知识目标：掌握装配的基本概念、术语，理解装配结构树的概念，掌握自底向上装配方法，掌握自顶向下装配方法。

　　➤ 能力目标：能选择合适的装配方法，综合地选择约束类型，进行加热杯垫智能产线总装分析和装配仿真，并能对产线装配体进行编辑、修改。

　　➤ 素质目标：逻辑清晰，具有全局观念，积极讨论，能全面展示与汇报。

🔍 项目分析

　　进行加热杯垫智能产线总装仿真前，应做好如下准备工作。

　　（1）明确产线总装的操作对象，做好模型准备。根据本书项目一中对加热杯垫智能产线的功能和组成分析，产线总装阶段的模型准备如表7-1所示，产线各模型的位置如图7-1所示。

表7-1　加热杯垫智能产线总装阶段的模型准备

序号	模型准备	数量	序号	模型准备	数量
1	总线体装配模型	1	7	物料打码站装配模型	1
2	原料库装配模型	1	8	辅料装配站装配模型	1
3	杯垫组装站装配模型	1	9	包装站装配模型	1
4	螺纹紧固站装配模型	1	10	物料盒打码站装配模型	1
5	翻转检测站装配模型	1	11	成品库装配模型	1
6	半成品库装配模型	1	12	AGV小车装配模型	1

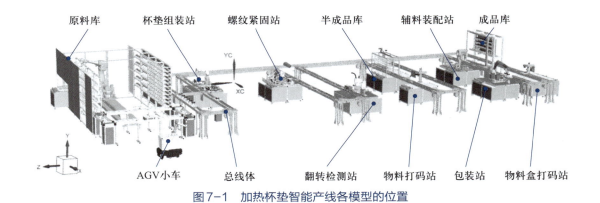

图7-1　加热杯垫智能产线各模型的位置

（2）绘制产线装配结构树，以直观地描述加热杯垫智能产线总装与表7-1中各装配模型之间的父子级关系。

（3）分析在加热杯垫智能产线总装配体中，各模型之间的装配约束关系，为产线总装仿真提供指导。

为实现项目目标，本项目分为两个任务：任务一　加热杯垫智能产线总装分析，任务二　加热杯垫智能产线总装仿真。任务一中完成产线装配仿真前的分析和准备，任务二中进行产线总装仿真操作，形成加热杯垫智能产线整体装配模型。

任务一

加热杯垫智能产线总装分析

📋 任务描述

加热杯垫智能产线的总装分析是装配仿真的基础和前提，在总装分析中，应分析并明确加热杯垫智能产线的组成，明确各组成与产线总体之间的装配层级关系，即确定其总装结构树，并明确各组成之间的装配约束关系。本任务要求如下。

（1）分析并明确加热杯垫智能产线中各加工单元和模块之间的装配层级关系，绘制总装结构树。

（2）分析并明确加热杯垫智能产线总装过程中各加工单元和模块之间的装配约束关系，整理后填入表7-2。

表 7-2　加热杯垫智能产线装配约束类型关系

序号	对象1	对象2	对象之间的约束类型	汇报学生
1				
2				
3				
4				

注：可加行、加列。

任务分析

明确加热杯垫智能产线中各加工单元和模块之间的装配层级关系时，应以加热杯垫总装工艺为着手点，根据总装工艺绘制总装结构树。

明确加热杯垫智能产线总装中各加工单元和模块之间的装配约束关系时，应尽可能地减少装配仿真时所添加的装配约束的数量，简化总装过程，同时确保约束合理，装配准确。任务分析思路：明确加热杯垫智能产线总装时的基础对象→分析并明确基础对象与其他对象之间的约束类型→分析其他对象之间的约束类型→整理汇总后填写表7-2。

知识链接

一、机械装配的相关基本概念

1. 零件

零件是组成机械和机器的不可拆分的单个制件，是机械的基本单元，也是用于装配产品的基本组成单元，如齿轮、螺钉和涡轮叶片等。

2. 构件

机构中每一个独立的运动单元体称为一个构件，如曲柄滑块机构中的曲柄、连杆、滑块和机架均为构件。

3. 机构

机构是由两个或两个以上构件通过活动联接形成的构件系统，如平面连杆机构、曲柄滑块机构和凸轮机构等，机构在机械和机器中用于传递内部运动和力或者改变运动形式。

4. 部件

部件是机械的一部分，由若干装配在一起的零件所组成。在机械装配过程中，若干零件先被装配成部件，部件本身也是一种子装配体，然后才进入总装形成机械或机器成品。

5. 装配与装配体

装配是指按规定的技术要求将零件或部件进行组配和连接，使之成为半成品或成品的工艺过程。装配所形成的半成品称为子装配体，子装配体与其他零件、部件和子装配体进行组配和连接后形成的成品为总装配体。

本书中的加热杯垫智能产线为总装配体，各加工单元和组成模块为子装配体，将各加工单元、组成模块及其他零件装配形成加热杯垫智能产线的过程为总装。

二、装配结构树

装配结构树是一种体现装配模型层次关系的树状表达形式，如图7-2所示。加热杯垫智能产线作为总装配体，通过装配层、子装配层、零件层的各层次结构表示装配过程的所有信息，包括装配模型的层次关系、零部件的装配关系及零件的实体信息等。

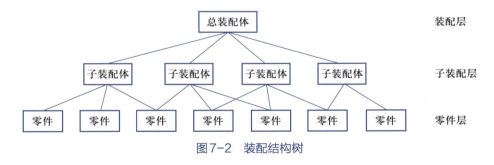

图7-2　装配结构树

装配结构树中最高层为装配层，该层的装配体具有最完整、抽象的信息。装配层的下一层为子装配层，该层是根据产品的功能和结构拆分而来的，体现了产品功能上的划分。零件层是将子装配层进一步拆分得到的，是总装配层结构层次划分的最小单元。

装配体的层次结构不仅可以表示装配体、子装配体及零件之间的从属关系，其层次关系也说明了装配体的实际装配顺序。这种层次型装配结构关系符合人们的习惯思维，可以很好地体现设计者的设计意图及产品结构。装配体的层次结构有利于产品自顶向下的装配序列规划，更有利于产品装配工艺的设计和仿真验证。

三、装配约束

在NX软件中，通过【装配约束】命令可以定义两个组件之间的约束条件，从而确定组件之间的相对位置，以及组件在装配体中的位置。加热杯垫智能产线的总装过程主要是明确各加工单元、组成模块和其他相关零件之间装配约束类型，并添加相应装配约束的过程。NX 软件中的约束类型包括接触对齐约束、同心约束、距离约束、平行约束和角度约束等，这些约束类型的使用方法和约束效果在项目三、项目四、项目五和项目六中均有介绍，不再赘述。

四、NX软件中的装配术语

在NX软件的装配设计中，常见的装配术语包括单个零件、装配部件、子装配、组件对象、组件、主模型、引用集、上下文设计、配对条件、装配导航器、书签和装配关联设计等。

1. 单个零件

单个零件（piece part）是指在装配部件以外存在的零件几何模型，单个零件既可以添加到一个装配部件中，也可以单独存在，单个零件本身不能有下级组件。

2. 装配部件

装配部件（assembly）是整个系统的一部分。它由若干零件和子装配构成，是一个指向零件和子装配的指针集合，也是一个包含组件的部件文件。在装配过程中，零件或子装配将被引用到装配中，通过建立部件之间的连接关系、关联条件在部件之间建立约束关系来确定部件在产品中的位置。

3. 子装配

子装配（subassembly）是在高一级装配中被用作组件的装配，子装配拥有自己的组件，因此，子装配只是一个相对的概念，任何一个装配部件可在更高级的装配中用作子装配，装配部件、子装配、组件对象与组件的关系，可参考图7-3加以理解。

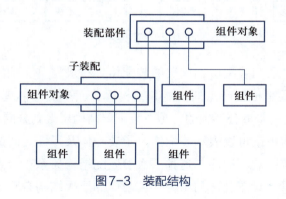

图7-3　装配结构

4. 组件对象

组件对象（component object）是从装配部件连接到部件主模型的指针实体，一个组件对象记录的信息包括部件的名称、层、颜色、线型、线宽、引用集、配对条件，在装配中每一个组件仅仅有一个指针指向它的几何体。

5. 组件

组件（component）是装配部件在装配中的使用，具有特定的位置和方位，是装配中由组件对象所指的装配部件文件，可以是单个部件（零件）或子装配，组件是由装配部件引用而不是复制到装配部件中的。

6. 主模型

主模型（master model）是供NX软件各功能模块共同引用的部件文件，可以是包含几何体的零件文件，也可以是装配文件。主模型支持并行工程，多个主模型装配可以同时引用相同的几何体，而每个装配文件均由其各自的几何体所有。应用模块数据与主模型中的几何体关联，因此，当主模型改变时，其他应用模块（如装配、工程图、数控加工、CAE分析等）跟着进行相应的改变。

7. 引用集

引用集（reference set）是指在一个装配部件或子装配中已命名的几何体集合，可用来简化较高级别装配中组件的显示。编辑装配时，可以通过显示组件或子装配的引用集来减少显示的混乱，降低内存使用量。

8. 上下文设计

上下文设计（design in context）是指当装配为显示部件而其中的某组件为工件部件时，可以在装配过程中对组件几何模型直接进行创建和编辑。该设计方式主要用于装配过程中，参考其他零部件的几何外形进行设计，也称为现场编辑或就地编辑。进行上下文设计前必须先改变工作部件、显示部件，要求显示部件为装配体，工作部件为要编辑的组件。

（1）显示部件。显示部件（displayed part）是指在图形窗口中显示的部件、组件和装配，用于显示装配和组件的上下文关系。在【装配导航器】中选择要显示的组件并右击，在弹出的快捷菜单中选择【在窗口中打开】，完成改变显示部件的操作，如图7-4所示。

（2）工作部件。工作部件（work part）是指正在操作的部件，可以在工作部件中创建和编辑几何体，工作部件可以是显示部件或者任何包含在显示装配体中的零部件，而对于单个的零件，工件部件就是显示部件。在【装配导航器】中选择要设置为工作部件的组件并右击，在弹出的快捷菜单中选择【设为工作部件】，如图7-5所示。

图7-4　改变显示部件

图7-5　改变工作部件

设置好工作部件后，就可以进行建模设计，包括几何模型的创建和编辑。如果组件的尺寸不具有相关性，则可以采用直接建模和编辑的方式进行上下文中设计；反之，则应在组件中创建连接关系，并创建关联几何对象。

9. 配对条件

配对条件（mating condition）是指单个零件的约束条件集用来定位一个组件在装配中的位置和方位。通过规定在装配中两个组件之间的约束关系来完成配对。例如，一个组件的圆柱面与另一个组件的圆柱面同轴。在装配时，可以通过配对条件来确定某组件的位置。

两个组件之间的关系是相关的，当具有配对关系的其他组件位置发生变化时，组件的位置也跟着改变。

10. 装配导航器

装配导航器是指将装配部件的装配结构用图形表示，类似于树结构，用于更清楚地表达装配关系。装配导航器提供了一种在装配中选择组件和操作组件的简单方法。

11. 书签

书签是指记录装配当前状态和显示部件等许多显示设置的一个文件。使用书签可在 NX 会话中复制当前装配的状态，而不必执行所有中间步骤。

例如，在保存书签时，书签会记录哪些组件已加载，以及各组件所显示的引用集。无论何时打开书签文件时都会使用这些相同的组件和引用集。

12. 装配关联设计

在装配环境可见的情况下可以创建或编辑组件几何体的设计环境，此外，一个组件的几何特征可用于设计另一个组件。例如，使用一个组件的面或边定义另一组件中的拉伸特征。

🔲 任务实施

1. 加热杯垫智能产线总装结构分析

对加热杯垫智能产线进行装配生产时，先将零件组装成各独立模块，如杯垫组装站、辅料装配站等，然后进行总装，即将杯垫组装站、辅料装配站等加工单元和组成模块装配形成加热杯垫智能产线。

基于上述分析，加热杯垫智能产线总装结构树如图7-6所示。

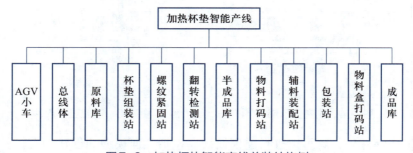

图7-6 加热杯垫智能产线总装结构树

2. 加热杯垫智能产线装配约束分析

（1）加热杯垫智能产线中所有加工单元均放置在地面上，故它们的底部平面有对齐关系。

（2）不同的加工单元按照加热杯垫的组装工艺被布置在总线体的不同位置，它们的布置与总线体之间有一定的距离关系。

（3）不同的加工单元之间也有对齐、平行、距离等约束关系。

结合图7-1，分析加热杯垫智能产线中各模块之间的装配约束关系，汇总如表7-3所示。注意：装配约束关系并不唯一，表7-3供参考。

表7-3　加热杯垫智能产线装配约束关系

序号	对象1	对象2	对象之间的装配约束关系分析
1	总线体	各加工单元	底部平面之间对齐约束关系
2	原料库	总线体	平行约束、距离约束
3	杯垫组装站	总线体	平行约束、距离约束
4	螺纹紧固站	总线体	平行约束、对齐接触约束和中心约束
5	翻转检测站	总线体	平行约束、距离约束和中心约束
6	半成品库	螺纹紧固站、总线体	与螺纹紧固站对齐约束，与总线体中心约束
7	物料打码站	翻转检测站、半成品库	与翻转检测站对齐约束，与半成品库对齐约束
8	辅料装配站	半成品库、总线体	与半成品库对齐约束，与总线体中心约束
9	包装站	物料打码站、辅料装配站	与物料打码站对齐约束，与辅料装配站对齐约束
10	物料盒打码站	包装站、总线体	与包装站对齐约束，与总线体中心约束和接触对齐约束
11	成品库	辅料装配站、总线体	与辅料装配站对齐约束，与总线体中心约束

 任务评价

按照表7-4的要求完成本任务评价。

表7-4　加热杯垫智能产线总装分析任务评价表

任务	训练内容	分值	训练要求	学生自评	教师评分
加热杯垫智能产线总装分析	加热杯垫智能产线总装结构分析	40分	（1）正确分析加热杯垫智能产线中各加工单元和模块之间的装配层级关系； （2）正确且完整地绘制装配结构树		

任务	训练内容	分值	训练要求	学生自评	教师评分
加热杯垫智能产线总装分析	加热杯垫智能产线装配约束分析	40分	（1）正确分析各加工单元和模块之间的装配约束关系； （2）正确且完整地填写表7-2		
	职业素养与创新思维	30分	（1）逻辑清晰，善于总结； （2）团队合作，积极讨论，全面展示与汇报； （3）遵守纪律，遵守实验室管理制度		
			学生：　　　　　　　教师：　　　　　　日期：		

任务二
加热杯垫智能产线总装仿真

任务描述

加热杯垫智能产线如图7-1所示，其组件种类及数量如表7-1所示，在NX软件装配功能环境下，新建加热杯垫智能产线总装配体文件，逐一添加各组件，并定义各组件之间的装配约束关系，完成加热杯垫智能产线总装仿真。

任务分析

加热杯垫智能产线总装首先要以绝对定位方式添加一个组件作为后续组件装配的定位基准，然后通过装配约束的定位方式（例如，接触、距离、中心和平行等）添加其他组件。由于组件较多，各组件间的位置关系要求较高，同时还要考虑产线的生产流程，各工位的配合，在装配时要尽可能地采用多个组件添加装配约束，强调相对位置关系。任务主要思路：根据表7-1进行模型准备→在NX软件中创建【装配】文件模板→根据表7-1在【装配】文件模板中添加组件→根据表7-3添加组件间的装配约束→形成加热杯垫智能产线总装模型。

一、装配方法简介

NX软件提供了以下3种装配方法。

1. 自底向上装配

自底向上装配（bottom-up assembly）是指首先创建部件的几何模型，再组合成子装配，最后生成装配部件。这种装配方法是对现实生产中的装配方法的模拟，在零件级上对部件进行的改变会自动更新到装配体中。

自底向上装配添加组件到装配的方式有以下两种。

（1）按照绝对定位方式添加组件到装配；

（2）按配对条件定位添加组件到装配。

2. 自顶向下装配

自顶向下装配（top-down assembly）是指在装配中创建与其他部件相关的部件模型，在装配部件的顶级向下产生子装配和部件的装配方法。在这种装配方法中，任何在装配级上对部件的改变都会自动反映到个别组件中。

自顶向下装配方法主要有以下两种。

（1）先在装配中建立几何模型，然后生成新组件，并把几何模型加入新组件中。

（2）先在装配中产生一个新组件，它不含任何几何对象，然后使其成为工作部件，再在其中建立几何模型。

在装配过程中，需要进行新组件的创建操作，所创建的组件可以是空的，也可以加入几何模型。

3. 混合装配

混合装配（mixed assembly）是指将自顶向下装配和自底向上装配相结合的一种装配方法。在具体实践中，根据需要可以将以上两种装配方法结合起来同时使用。

二、装配首选项设置

通过【装配首选项】设置某些系统首选项，以控制装配功能的特定参数。【装配首选项】对话框如图7-7所示。这些首选项包括组件选项、位置选项和杂项选项。一些首选项的初始设置由用户默认设置控制，这些默认设置位于NX软件的【文件】选项卡【实用工具】选项组中【用户默认设置】下，这些首选项在所有会话中均有效，而装配导航器首

图7-7 【装配首选项】对话框

选项在当前会话中有效。

1. 关联

（1）工作部件。

①【显示使用的"整个部件"引用集】：更改工作部件时，此首选项会临时将新工作部件的引用集改为整个部件引用集。当部件不再是工作部件时，部件的引用集会还原成原始引用集。但不适用于以下两种情况：

a）工作部件中的更改由系统操作引起。

b）工作部件是一个子装配，因为在子装配中使用引用集可能会导致可见性问题。

②【通知自动更改】：在工作部件自动更改时显示通知。

（2）搜索。

【真实形状过滤】：启用真实形状过滤，这样所产生的空间过滤效果比包容块方法更好。真实形状过滤对于那些规则边框可能异常大的形状不规则的组件（如缠绕装配的细缆线）特别有用。

2. 组件

（1）结构。

①【拖放时发出警告】：从装配导航器中拖动组件时，将显示一条消息。此消息指示哪个子装配将接收组件，以及可能丢失一些关联，并提示接受或取消此操作。

②【删除时发出警告】：从装配中删除组件时显示一条消息。该消息提供关于删除选定组件的特定影响的信息，并提供取消删除，消息中的信息将受装配首选项的影响。

③【展开时更新结构】：指定当在装配导航器中展开组件时是否根据组件的直系子组件来更新组件的结构。

（2）命令部件模板类型。

①【新建父项】：用于选择应用模块，如装配模块，来指定新建装配父级或新建组件命令使用的默认模板类型。

②【新建组件】：当应用模块有一个新文件模板时，该模板是使用相应的命令使NX软件自动打开的默认模板。如果希望手动选择要打开的模板，请将首选项设置为【从新文件选择】。首选项的初始设置由新建装配父级和新建组件用户默认设置决定。

（3）报告。

【显示更新报告】：当加载装配后，自动显示更新报告。

（4）选择。

【选择组件成员】：确定组件的选择方式：

①☑选中时，可以在组件内选择组件成员（几何体）。

②☐未选中时，可以选择组件本身。

如果要选择子装配，可以在子装配中选择一个组件，然后单击【菜单】|【编辑】|【选择】|【向上一级】命令，也可在装配导航器中选择子装配。

3. 位置

（1）移动组件。

【拖曳手柄位置】：当使用移动组件命令时，控制拖动手柄是显示在包容块的中心，还是在图形窗口中组件原点处。

（2）约束。

①【接受容错曲线】：用于选择在距离公差建模首选项中指定的距离公差范围内为圆形的曲线或边，作为装配约束的圆。

②【允许部件间复制】：用于在装配中不同级别的组件之间创建装配约束。方法是自动创建一个指向在工作部件外部所选几何体的 WAVE 链接，然后在工作部件内部组件上的几何体与 WAVE 链接特征之间创建约束。

4. 杂项

（1）部件名。

①【描述性部件名样式】：指定指派给新部件的默认部件名的类型，包括【文件名】、【描述】和【指定的属性】。

②【属性】：当【描述性部件名样式】设为【指定的属性】时可用，用于指定要包含在默认部件名称中的属性。

（2）生成缺失的部件族成员。

【检查较新的模板部件版本】：确定装配加载操作是否检查装配引用的部件族成员，是否是根据生成缺失的部件族成员装配加载选项配置的模板生成的。

（3）简化装配。

【进入时填充对话框】：☑ 选中后，使用【简化装配】命令时，活动装配中的所有可见实体最初都将被选中。□ 取消选中后，使用【简化装配】命令时不会预选任何对象。

【进入时填充对话框】装配首选项的初始设置由【填充简化装配】对话框用户默认设置决定。

三、引用集

引用集是零件或子装配中对象的命名集合，使用引用集和选项可以控制较高级别装配中组件或子装配部件的显示，使用引用集，可过滤组件或部件中不需要的对象，使用简单几何体来替换装配中的组件或部件，可以简化装配，缩短加载时间，减少内存使用，使得图形显示更加整齐。引用集包含以下两种类型。

（1）由 NX 系统管理的自动引用集。

（2）用户定义的引用集。

引用集成员的对象包括几何体、基准、坐标系、图样对象、子装配部件，可以按轻量级方式加载任何引用集。这意味着可以为具有轻量级表示的引用集的成员显示轻量级表示。使用编辑小平面参数对话框来编辑轻量级表示的参数。设置自动轻量级生成用户默认设置，以指定软件自动保持轻量级表示的引用集。

　　要查找用户默认设置，可单击【文件】选项卡【实用工具】组中【用户默认设置】命令按钮，然后单击【查找默认设置】按钮🔍，系统弹出【用户默认设置】对话框，输入"轻量级自动生成"，单击【查找】按钮，在对话框中将显示查找结果，如图7-8所示。

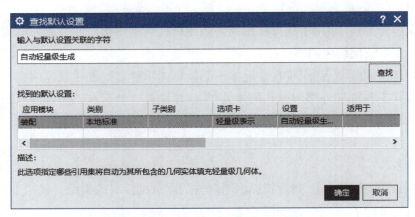

图7-8　查找自动轻量级生成用户默认设置

　　1. 默认引用集

　　每个组件或子装配的每个部件文件中都存在两个引用集显示条件，即

　　① 空引用集（empty）：在图形窗口中不显示任何内容。

　　② 整个部件引用集（entire part）：在图形窗口中显示所有组件对象。

　　（1）自动默认引用集。使用组件和子装配部件文件时，可创建模型引用集（model）和简化引用集（simplified）。

　　① 模型引用集（model）：仅显示完成的模型，要定义引用集默认选项，具体操作：单击【文件】选项卡【实用工具】组中【用户默认设置】下的【装配】→【本地标准】命令。

　　② 简化引用集（simplified）：在用户默认设置中为它定义名称时自动保留。当定义一个简化引用集后，所创建的任何包括装配或链接外部对象都将自动添加到该引用集。

　　（2）模型引用集。模型引用集包含模型几何体，主要包括实体、片体、轻量级表示和非关联表示。其中，轻量级表示取决于自动轻量级生成用户默认设置，非关联表示可以在【装配】选项卡|【更多库】|【装配表示】进行创建。

　　通常，模型引用集不会收集构造数据，如基准或曲线。模型引用集通常与大型装配结合使用。

　　2. 用户定义的引用集

　　当默认引用集不符合设计准则时，可以自定义引用集以确保装配显示满足需求。例如，当发生以下情况时，可创建用户定义的引用集。

　　（1）使用基准作为参考特征来施加装配约束。创建名为约束的用户定义引用集，并仅添加基准，而不是使用整个部件引用集（entire part）。

（2）复杂装配包含标准件（如紧固件）的多个事例，而且需要改善计算机性能。可以创建名为简单的用户定义引用集，并且仅使用中心线和轮廓曲线进行显示。

（3）需要显示理论交点或中心线，以便在图纸中为它们标注尺寸。可以创建名为草图的用户定义引用集并添加必要的曲线。

3. 子组件的引用集

装配过程中有不同的级别，可能存在顶级、第二级、第三级等，根据父级项使用的引用集，用于显示子组件的引用集可能会有所不同，引用集采用分层结构。每个引用集记录用于显示父装配中每个子组件的子引用集，该信息将与父项一同保存，在加载时，子组件使用不同的引用集来显示。

加载并显示装配时，按从上到下的顺序为子项选择引用集，如下所示。

（1）显示部件始终使用整个部件引用集（entire part）显示。

（2）父项（显示部件）使用整个部件引用集时，显示部件的每个直接子项将使用该子项所指定的引用集。

（3）显示部件的每个间接子项将使用其直接父项（非显示部件的引用集）所使用的引用集中该子项所指定的引用集。

如果显示部件的子装配使用空引用集显示，则该子装配的所有子项也将使用空引用集显示。

微视频
加热杯垫总装
仿真操作

任务实施

1. 模型准备

按照表7-1中所示的加热杯垫智能产线总装阶段进行模型准备，并将模型保存于"D:\model\"路径文件夹中。

2. 装配仿真

（1）启动NX软件，新建一个【装配】类型的文件模板，并命名为"加热杯垫智能产线.prt"，设置文件存放路径为"D:\model\加热杯垫智能产线\"，单击【确定】按钮。

（2）单击【装配】|【添加组件】命令，在弹出的【添加组件】对话框中，单击【要放置的部件】选项组中的【打开】按钮，指定路径并选择【总线体】组件，单击【确定】按钮，采用绝对坐标系定位、移动组件的方式添加，单击【应用】按钮完成【总线体】的添加。

（3）继续使用图7-9所示的【添加组件】对话框，将【选择部件】更改为【加热杯垫组装站】，采用【平行】和【距离】的约束方式定位，其设置如图7-10所示，其中，【平行】约束为加热杯垫组装站电控柜侧面与总线体长度方向桁架平行；【距离】

图7-9　添加【总线体】组件

约束的面选择如图7-11所示。其中，加热杯垫组件站电控柜侧面与总线体长度方向桁架内侧距离为1 086 mm，加热杯垫组件站电控柜顶面与总线体宽度方向桁架顶面距离为212 mm，加热杯垫组件站电控柜顶面固定型材与总线体宽度方向桁架内侧距离为19 mm。

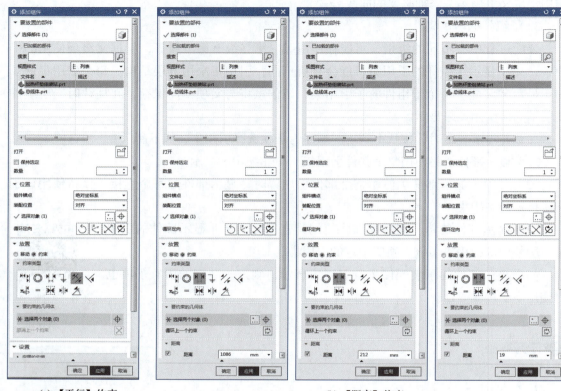

(a)【平行】约束   (b)【距离】约束

图7-10　添加"加热杯垫组装站"的装配约束

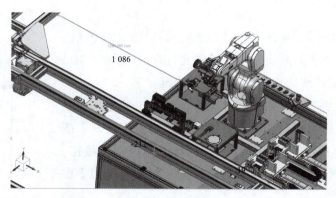

1 086

图7-11　加热杯垫组装站"距离"约束

（4）继续使用【添加组件】对话框，将【选择部件】更改为【螺纹紧固站】，采用【平行】、【对齐】、【接触】和【中心】的约束方式定位，其设置如图7-12所示。其中，【平行】约束为螺纹紧固站电控柜侧面与总线体长度方向桁架平行；【对齐】约束为螺纹紧固站与加热杯垫组装站底部支脚对齐；【接触】约束为螺纹紧固站上的撑角与总线体桁架面接触；【中心】约束为螺纹紧固站上的撑角与总线体桁架对中。

<table>
<tr><td>(a)【平行】约束</td><td>(b)【对齐】约束</td><td>(c)【面对齐接触】约束</td><td>(d)【中心】约束</td></tr>
</table>

图7-12　添加【螺纹紧固站】的装配约束

（5）继续使用【添加组件】对话框，将【选择部件】更改为【翻转检测站】，采用【平行】、【距离】、【对齐】和【中心】的约束方式定位，其设置如图7-13所示。其中，【平行】约束为翻转检测站电控柜侧面与总线体长度方向桁架平行，【距离】约束为翻转检测站电控柜侧面与总线体长度方向桁架内侧的距离4 335 mm，【对齐】约束为翻转检测站与总线体底部支脚对齐，【中心】约束为翻转检测站电控柜工作台上表面圆孔与总线体桁架两侧对中。

（6）继续使用【添加组件】对话框，将【选择部件】更改为【半成品库】，采用【对齐】和【中心】的约束方式定位，其设置如图7-14所示。其中，【对齐】约束为半成品库电控柜侧面与螺纹紧固站侧面对齐，并且半成品库电控柜侧面与螺纹紧固站底部支脚对齐；【中心】约束为半成品库撑架与总线体桁架两侧对中。

（7）继续使用【添加组件】对话框，将【选择部件】更改为【物料打码站】，采用【对齐】约束方式定位，其设置如图7-15所示，其中包括以下三个【对齐】约束。

①【对齐】约束1：翻转检测站与物料打码站相对总线体长度的一侧对齐。

②【对齐】约束2：物料打码站与半成品库二者操作台前侧对齐。

③【对齐】约束3：物料打码站与半成品库的底部支脚对齐。

(a) 【平行】约束

(b) 【距离】约束

(c) 【对齐】约束

(d) 【中心】约束

图7-13 添加【翻转检测站】的装配约束

(a) 【对齐】约束   (b) 【中心】约束

图7-14 添加【半成品库】的装配约束

图7-15 添加【物料打码站】的【对齐】约束

项目七 加热杯垫智能产线总装仿真

（8）继续使用【添加组件】对话框，将【选择部件】更改为【辅料装配站】，采用【接触对齐】和【中心】约束的方式定位，其设置如图7-16所示。其中，两个【对齐】约束分别是辅料装配站和半成品库相对总线体长度的一侧对齐，辅料装配站与半成品库的底部支脚对齐。【中心】约束为辅料装配站上的圆孔中心与总线体桁架两侧对中，如图7-17所示。

(a)【对齐】接触约束　　(b)【中心】约束

图7-16　添加"辅料装配站"组件　　　　图7-17　"辅料装配站""中心"约束示意图

（9）继续使用【添加组件】对话框，将【选择部件】更改为【包装站】，采用【对齐】约束方式定位，其设置如图7-18所示，包括以下三个对齐约束。

①【对齐】接触约束1：包装站与物料打码站相对总线体长度的一侧对齐。

②【对齐】接触约束2：包装站与辅料装配站二者操作台前侧对齐。

③【对齐】接触约束3：包装站与辅料装配站的底部支脚对齐。

（10）继续使用【添加组件】对话框，将【选择部件】更改为【物料盒打码站】，采用【接触对齐】、【对齐】和【中心】约束方式定位，其设置如图7-19所示。其中，【接触对齐】约束为物料盒打码站上的打码盘底面与总线体桁架顶面接触；【对齐】约束为物料盒打码站与包装站底部电控柜的侧面对齐；【中心】约束为物料盒打码站上的打码盘底面与总线体桁架对中。

（11）继续使用【添加组件】对话框，将【选择部件】更改为【成品库站】，采用【对齐】和【中心】约束方式定位，其设置如图7-20所示。其中，【对齐】约束为成品库与辅料装配站侧面对齐和二者底部支脚对齐；【中心】约束为成品库与总线体二者的桁架对中。

（12）继续使用【添加组件】对话框，将【选择部件】更改为【原料库】，采用【对齐】

和【距离】的约束方式定位，其设置如图7-21所示，其中包括以下两个【对齐】约束：

图7-18 添加【包装站】的装配约束

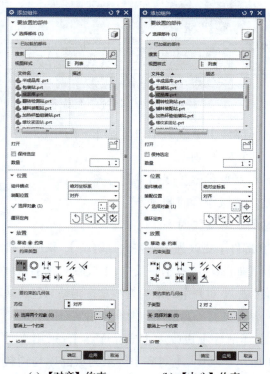

(a)【对齐接触】约束 　 (b)【对齐】约束 　 (c)【中心】约束

图7-19 添加【物料盒打码站】的装配约束

(a)【对齐】约束 　 (b)【中心】约束

图7-20 添加【成品库】的装配约束

(a)【对齐】约束 　 (b)【距离】约束

图7-21 添加【原料库】的装配约束

①【对齐】约束1：原料库货架端面与总线体长度方向的桁架对齐。

②【对齐】约束2：货架底部与总线体底部支脚对齐。

"距离"约束为货架背板与总线体宽度方向的顶部桁架间的约束。

（13）完成装配的加热杯垫智能产线模型如图7-1所示，保存模型文件。

📝 任务评价

按照表7-5的要求完成本任务评价。

表7-5　加热杯垫智能产线总装仿真任务评价表

任务	训练内容	分值	训练要求	学生自评	教师评分
加热杯垫智能产线总装仿真	加热杯垫智能产线总装仿真	60分	（1）正确创建【装配】类型的文件模板； （2）正确添加组件类型与数量； （3）正确定义各组件之间的装配约束		
	职业素养与创新思维	40分	（1）具有分析问题和"举一反三"的能力； （2）具有团队合作意识、全局意识； （3）具有劳动意识，如打扫实验室卫生		
	学生：　　　　教师：　　　　日期：				

📝 项目小结

本项目以加热杯垫智能产线总装仿真为例，使读者了解了机械装配的相关概念、术语，熟悉了装配结构树，认识了自顶向下和自底向上装配方法。请读者进行本项目各任务的学习与实施，掌握总装仿真前的分析和准备思路，掌握加热杯垫智能产线总装仿真操作。

💭 思考与练习

（1）比较自底向上装配方法和自顶向下装配方法的特点和区别。

（2）若采用自顶向下装配方法进行加热杯垫智能产线总装，应如何操作？试简述过程。

（3）在NX软件中完成加热杯垫智能产线总装后，观察装配导航器中的装配结构，说明其与产线装配结构树之间的关系。

（4）分别绘制加热杯垫智能产线中各加工单元的装配结构树。

（5）分别对加热杯垫智能产线中的各加工单元进行装配仿真操作。

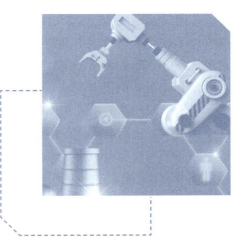

附录

三维模型的作用简介

使用NX软件及同类型软件对产品进行实体建模，形成产品零件及成品装配体模型，这些模型不仅可以在物理产品制造出来之前对产品设计进行可视化展示，还为产品后续的结构优化分析、运动性能分析、生产工艺分析等提供模型基础。

1. CAE分析的模型基础

基于机械产品的三维实体模型进行CAE分析，可模拟机械产品未来工作时的结构力学性能，及早发现产品设计的不足。根据CAE分析结果，修改薄弱环节的结构设计，可优化产品整体结构性能，直至产品结构满足使用需求，因此，机械产品的三维实体模型为产品的CAE分析、结构优化提供模型基础。产品模型CAE分析流程示意图如附图1所示。

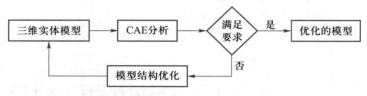

附图1　产品模型CAE分析流程示意图

2. 运动分析的模型基础

基于机械产品的三维实体模型进行运动模拟，可获得产品工作时运动机构所有零部件的运动学性能，例如位置、速度、加速度，以及动力学性能，例如接点反作用力、惯性力和功率要求等。此外，还可对模型运动状态进行实时干涉检查及检查结果管理，提供所有机构零部件的精确空间和时间位置以及精确的干涉体积。因此，机械产品的三维实体模型为产品的运动模拟，分析优化提供模型基础。

3. 工艺仿真的模型基础

产线的三维实体模型为其工艺仿真及优化提供模型基础，基于产线三维实体模型的工艺仿真包括生产流程仿真模拟、机器人运动编程及模拟、人机工程分析、可达性验证、节拍计算与优化等。对产线进行工艺仿真，可早期模拟并验证产线生产运行的状况，及早发现产线各工艺环节的设计缺陷。

4. 机电一体化概念设计的模型基础

机电一体化概念设计（Mechatronics Concept Designer，MCD）隶属于产品全生命周期管理（PLM），适用于机电一体化产品的功能设计与调试。MCD支持的功能设计方法，通过管理平台对任务进行层次化结构分解，集成上游下游的工程领域，包括需求管理、机械概念设计、机械设计、电气设计、软件设计、数字双胞胎虚拟调试和真实机器实际调试等，实现协同设计，缩短设计周期。如附图2所示，机电一体化概念设计中，三维模型（即附图2中的数字双胞胎）为机械结构运动调试验证、液压与电气系统调试验证、软件调试验证等提供模型基础。

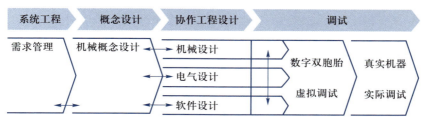

附图2　机电一体化概念设计流程

[1] 彭建飞 . UG 应用项目训练教程 [M]. 2 版 . 北京：高等教育出版社，2020.

[2] 沈晓斌，李蕊 . 机械 CAD/CAM（UG）[M]. 北京：高等教育出版社，2020.

[3] 郑贞平，张小红 . UG NX 12.0 三维设计实例教程 [M]. 北京：机械工业出版社，2021.

[4] 孟庆波 . 生产线数字化设计与仿真 [M]. 北京：机械工业出版社，2021.

[5] 郑维民 . 智能制造数字孪生机电一体化工程与虚拟调试 [M]. 北京：机械工业出版社，2021.